EL ALMA HUMANA

Explicación de la obra *Quaestiones Disputatae de Anima* de Santo Tomás de Aquino

EL ALMA HUMANA

Explicación de la obra *Quaestiones Disputatae de Anima* de Santo Tomás de Aquino

Miguel Grosso

Primera Edición. Noviembre de 2024
Copyright © 2024 Miguel Alberto Grosso
ISBN 9798300956301
grossomiguel2005@yahoo.com.ar
Sello: Publicación independiente
Todos los derechos reservados

ÍNDICE

INTRODUCCIÓN..1
1. PRIMERA CUESTIÓN: si el alma puede ser una forma y a la vez algo en sí mismo..5
2. SEGUNDA CUESTIÓN: si el alma humana, en cuanto a su acto de existir, está separada del cuerpo 16
3. TERCERA CUESTIÓN: si hay un intelecto posible, o alma intelectiva, para todos los hombres 26
4. CUARTA CUESTIÓN: Si es necesario admitir que existe un entendimiento agente..36
5. QUINTA CUESTIÓN: Si existe un intelecto agente separado para todos los hombres..44
6. SEXTA CUESTIÓN: Si el alma está compuesta de materia y forma....54
7. SÉPTIMA CUESTIÓN: Si el ángel y el alma son de especies diferentes 64
8. OCTAVA CUESTIÓN: Si el alma racional debe estar unida a un cuerpo como el que posee el hombre 76
9. NOVENA CUESTIÓN: Si el alma está unida a la materia corpórea a través de un medio...86
10. DÉCIMA CUESTIÓN: Si el alma existe en todo el cuerpo y en cada una de sus partes..94
11. UNDÉCIMA CUESTIÓN: Si las almas racional, sensible y vegetal en el hombre son sustancialmente una y la misma........................102
12. DUOCÉDIMA CUESTIÓN: Si el alma es sus potencias 111
13. DÉCIMO TERCERA CUESTIÓN: Si las potencias del alma se distinguen entre sí por sus objetos...119
14. DÉCIMO CUARTA CUESTIÓN: Si el alma humana es incorruptible 129
15. DÉCIMO QUINTA CUESTIÓN: Si el alma separada del cuerpo puede entender 137
16. DÉCIMO SEXTA CUESTIÓN: Si el alma, cuando está unida al cuerpo, puede entender a las sustancias separadas...................146
17. DÉCIMO SÉPTIMA CUESTIÓN: Si el alma, cuando se separa del cuerpo, puede entender a las sustancias separadas...................152

18. DÉCIMO OCTAVA CUESTIÓN: Si el alma, separada del cuerpo, conoce todas las cosas naturales 158
19. DÉCIMO NOVENA CUESTIÓN: Si permanecen las potencias sensitivas en el alma separada 168
20. VIGÉSIMA CUESTIÓN: Si el alma separada del cuerpo conoce a los entes particulares 176
21. VIGÉSIMO PRIMERA CUESTIÓN: Si el alma, separada del cuerpo, puede sufrir el castigo del fuego corporal 186
A MODO DE EPÍLOGO...194
NOTAS

INTRODUCCIÓN

1-Qué es una *Quaestio disputata*?

La *quaestio* fue un método de enseñanza y debate académico fundamental en las universidades medievales, especialmente en el ámbito de la filosofía y la teología. Este formato estructurado, que consistía en plantear una pregunta, analizar diferentes perspectivas y llegar a una conclusión fundamentada, se convirtió en el corazón de la educación escolástica.

Las raíces de la *quaestio* se encuentran en la antigüedad clásica, en la tradición retórica y dialéctica. Sin embargo, fue en la Edad Media, especialmente en las universidades del siglo XII, donde este método se consolidó y se convirtió en una herramienta clave para la transmisión del conocimiento. La Universidad de París, en particular, desempeñó un papel crucial en la formalización de la *quaestio*.

La *quaestio* se desarrollaba en tres etapas principales:

> **1-*Lectio***: El maestro seleccionaba un texto de autoridad (como la Biblia o las obras de Aristóteles) y lo analizaba en profundidad con sus estudiantes.
>
> **2-*Quaestio***: A partir de la lectura, se formulaba una pregunta específica que requería una respuesta argumentada.
>
> **3-*Disputatio***: Se organizaba un debate en el que los estudiantes presentaban diferentes argumentos a favor y en contra de la tesis planteada. El maestro, a modo de árbitro, guiaba la discusión y ofrecía una respuesta definitiva.

Existen diferentes tipos de *quaestiones*, cada una con sus propias características:

> ***Quaestio disputata***: Debate formal en el que dos estudiantes defendían posiciones opuestas.
>
> ***Quaestio quodlibetalis***: Debate abierto en el que cualquier miembro de la comunidad universitaria podía plantear una pregunta.
>
> ***Quaestio terminabilis***: Debate que se centraba en un tema específico y tenía una duración limitada.

El maestro desempeñaba un papel fundamental en la *quaestio*. Era el encargado de seleccionar los textos, formular las preguntas, guiar la discusión y ofrecer la respuesta final. Los estudiantes, por su parte, participaban activamente en el debate, desarrollando sus habilidades de análisis, argumentación y síntesis.

La *quaestio* tuvo un impacto profundo en el desarrollo del pensamiento occidental. Algunos de sus principales legados son:

> **Fomento del pensamiento crítico**: La *quaestio* incentivaba a los estudiantes a analizar las diferentes perspectivas, a evaluar los argumentos y a formar su propio juicio.
>
> **Desarrollo de habilidades comunicativas**: Los debates promovían la capacidad de expresar ideas de manera clara y concisa, así como de responder a las objeciones de los demás.
>
> **Consolidación del conocimiento**: La *quaestio* contribuyó a la sistematización del conocimiento y a la construcción de cuerpos doctrinales sólidos.

Aunque la *quaestio* como método de enseñanza formal ha dejado de utilizarse, su legado sigue vivo en la educación contemporánea. Muchos de los principios de la *quaestio*, como la importancia del debate, el análisis crítico y la búsqueda de la verdad, siguen siendo válidos y se aplican en diversos ámbitos, desde las aulas hasta los foros de discusión en línea.

2-*Quaestiones Disputatae de Anima*

En la década de 1960, James H. Robb (1918-1993), profesor de filosofía medieval en la Universidad de Marquette, evaluó las fuentes y bibliografía de las *Cuestiones disputadas sobre el alma* de Santo Tomás. Concluyó que los estudios existentes eran insuficientes para una investigación histórica profunda. Decidido a crear una nueva edición crítica, Robb viajó a Europa para consultar manuscritos originales y contó con el apoyo de destacados profesores como Étienne Gilson.

Su trabajo resultó en la primera edición crítica de la tradición no parisina de esta obra, publicada en 1968 en latín. Gracias a esta edición, fue posible realizar la traducción castellana actual, basada en el texto de Robb.

La primera edición impresa de *Cuestiones disputadas sobre el alma* data de Venecia en 1472. Con el tiempo, diversas ediciones surgieron, destacando la edición Piana de Roma (1570-1571), promovida por el Papa Pío V durante el Concilio de Trento. Aunque esta edición buscaba mantener la autenticidad de los textos de Santo Tomás y evitar alteraciones doctrinales, no era una edición crítica, sino una recopilación basada en textos ya existentes. Su influencia fue enorme, pues sirvió de base para ediciones posteriores en Amberes, París y Parma, que, sin embargo, también carecieron de una revisión crítica exhaustiva.

Solo en la edición de París realizada por la Editorial Vivés (1871-1882) se usaron manuscritos tradicionales, especialmente para la *Summa Theologiae* y la *Summa contra gentiles*, aunque las *Cuestiones Disputadas* conservaron el texto de la Piana sin modificaciones.

La edición de Robb es, por tanto, crucial, al ser la primera edición crítica distinta de la Piana. Sobre la autenticidad debemos decir lo que el mismo Robb afirma: nadie ha cuestionado la autenticidad de las *Cuestiones disputadas sobre el alma*. Desde finales del siglo XIII y principios del siglo XIV, ya figura en los catálogos de la Universidad de París, como en los de Ptolomeo de Lucca, Bernardo de Guy, Bartolomé de Capua, Nicolás Trivet, Juan de Colonia y Guillermo de Tocco.

La obra *Cuestión disputada sobre el alma*, o *Cuestión única sobre el alma*, ha sido nombrada tradicionalmente según la edición romana de 1570, pero investigaciones históricas muestran que en los manuscritos y primeras ediciones se consideraba una serie de 21 cuestiones, y no una única cuestión dividida en artículos. Este hecho refuerza la denominación *Cuestiones disputadas sobre el alma*, más fiel a la tradición manuscrita.

Se desconoce la fecha exacta en la que Santo Tomás disputó estas cuestiones. Sin embargo, la evidencia sugiere que se discutieron en París en 1269. Estas disputas públicas, realizadas junto a alumnos avanzados, eran formalizadas por el maestro después de su celebración. Todas las *Cuestiones disputadas* de Santo Tomás han sido redactadas por él mismo, no como reportes de terceros, lo cual añade autenticidad a los textos.[1]

EL ALMA HUMANA

1. PRIMERA CUESTIÓN: si el alma puede ser una forma y a la vez algo en sí mismo

> Santo Tomás expone los argumentos de distintos autores, según los cuales parece que el alma humana no puede ser *hoc aliquid* ("algo en sí mismo") y al mismo tiempo la *forma* (principio de organización) del cuerpo

1-Si el alma humana es *hoc aliquid* o "algo en sí mismo" (es decir, una sustancia independiente), entonces posee un ser completo por sí misma. Según esta lógica, cualquier cosa que se añade a un ser completo se une a él accidentalmente, como el color blanco (accidente de cualidad) en una persona o la ropa (accidente de posesión). De ahí que, si el alma es algo independiente y completo, entonces el cuerpo al unirse a ella lo haría accidentalmente, como algo externo, y, por consiguiente, el alma no podría ser la **forma sustancial** del cuerpo. Esto implicaría que el alma no estaría verdaderamente integrada como el principio constitutivo del cuerpo humano, sino que sería una entidad separada y externa a él.

2-Si el alma es algo en sí mismo *(hoc aliquid)*, entonces debe ser algo individual, ya que ningún universal puede ser algo en sí. Esta individuación del alma debe provenir o de otra cosa o de sí misma. Si la individuación proviene de otra cosa y el alma es la forma del cuerpo, entonces esta individuación provendría del cuerpo (pues las formas se particularizan o individúan a través de su materia). En consecuencia, al separarse del cuerpo, la individuación del alma desaparecería. Esto implicaría que el alma no puede existir como sustancia separada e individual.

Si el alma se individuara por sí misma, habría dos posibilidades: o es una forma simple (sin composición de materia y forma) o es algo compuesto de materia y forma.

A. Si fuera una forma simple, entonces las almas individuadas solo podrían diferenciarse unas de otras en función de su forma, lo cual generaría una diferencia en especie entre las almas de diferentes personas. Esto llevaría a la conclusión de que los seres humanos diferirían entre sí en especie, lo cual es contradictorio con la noción de humanidad compartida.

B. Si el alma es compuesta de materia y forma, entonces no podría ser la forma del cuerpo, ya que la materia no puede ser la forma de algo. Esto también contradice la idea de que el alma pueda ser al mismo tiempo algo independiente *(hoc aliquid)* y la forma del cuerpo.

3-Si el alma es un "individuo en sí", entonces debe pertenecer a una especie y a un género específicos. Sin embargo, si el alma tiene su propia especie y género, sería imposible que esta alma (con su propia naturaleza específica) se uniera al cuerpo para formar una nueva especie en su conjunto (el ser humano) sin cambiar la naturaleza de la unión.

Si el alma ya posee su propia especie y género, entonces no podría unirse al cuerpo como forma, ya que una forma o especie ya constituida no acepta una "superadición" de otra sin perder su identidad original (según Aristóteles, las formas funcionan como números; si se les suma o resta algo, cambia su esencia). Así, el alma no podría actuar como forma del cuerpo, porque sería ya una especie aparte, y la unión con el cuerpo para constituir una nueva especie sería imposible.

4-Dios, en su bondad, creó el universo con una jerarquía de seres, cada uno ocupando un nivel específico. Si el alma humana pudiera subsistir por sí misma, como "algo en sí" *(hoc aliquid)*, ocuparía un nivel en la jerarquía de los seres. Sin embargo, las formas, por sí solas y sin materia, no constituyen niveles de entes separados. Por lo tanto, si el alma es un "algo en sí", no podría ser la forma de una materia, como el cuerpo humano.

5-Si el alma es "algo en sí" y subsiste por sí misma, entonces debe ser incorruptible, ya que no está compuesta de contrarios (opuestos), lo cual es característico de los seres corruptibles. Sin embargo, el cuerpo humano es corruptible y, en la doctrina escolástica, una forma debe ser proporcional a su materia. Así, si el alma es incorruptible, no podría ser la forma del cuerpo humano corruptible, ya que no habría proporcionalidad entre ambos.

6-Sólo Dios es acto puro, es decir, existencia plena sin potencialidad. Si el alma fuera un "algo en sí", independiente y subsistente, debería poseer una combinación de acto y potencia. Pero dado que una forma no puede estar en potencia, el hecho de que el alma tenga algún grado de potencialidad la inhabilitaría para ser la forma del cuerpo.

7-El alma se une al cuerpo por alguna utilidad, ya sea esencial o accidental. La unión esencial no es necesaria, pues el alma puede existir sin el cuerpo. Tampoco parece haber una unión accidental, pues el principal beneficio accidental, el conocimiento adquirido a través de los sentidos, no se sostiene; algunos creen que las almas de niños que mueren antes de nacer poseen un conocimiento perfecto sin haber experimentado los sentidos. Esto sugiere que, si el alma es un "algo en sí", no tiene razón para unirse al cuerpo como forma.

8-Según Aristóteles, la sustancia se divide en tres partes opuestas: forma, materia y *hoc aliquid* (un "algo en sí mismo"). Como forma y *hoc aliquid* son opuestos, no pueden coincidir en un mismo ser. De ello se concluye que el alma humana no puede ser simultáneamente forma y *hoc aliquid*.

9-Aquí se argumenta que una entidad que es "algo en sí" debe existir de manera independiente, mientras que la naturaleza de una forma es estar en otra cosa (es decir, ser parte constitutiva de algo más). Como subsistir por sí mismo y estar en otra cosa son cualidades opuestas, si el alma es "algo en sí", entonces no puede ser forma del cuerpo.

10-Si el alma subsiste después de la muerte del cuerpo y, en ese estado, pierde su naturaleza de forma, entonces la característica de "forma" es accidental en el alma. Sin embargo, el alma no se une al cuerpo más que como forma, y de ser accidental esta unión, el ser humano no sería un "ente" esencial, sino un "ente accidental". Esto es inconsistente con la visión de la persona humana como una unidad sustancial de cuerpo y alma, lo cual es considerado inaceptable en la filosofía tomista.

11-Si el alma humana es *hoc aliquid* (una entidad independiente y existente por sí misma), debería tener una operación propia, ya que toda entidad que existe por sí misma realiza alguna actividad particular. Sin embargo, se argumenta que la operación intelectual *(intelligere)*, que parece propia del alma, no pertenece exclusivamente al alma, sino al hombre como ser compuesto de cuerpo y alma. De esto se concluye que el alma no es *hoc aliquid* en sentido de entidad independiente.

12-Si el alma humana es forma del cuerpo, debería depender del cuerpo en cierta medida, dado que forma y materia son interdependientes. Así, lo que depende de otro no es *hoc aliquid* (una entidad completamente independiente), por lo que si el alma depende del cuerpo, no puede ser considerada *hoc aliquid*.

13-Como el alma y el cuerpo son de distintos géneros (el alma pertenece al género de las sustancias incorpóreas, mientras que el cuerpo es una sustancia corpórea), no pueden compartir un mismo "ser". Por lo tanto, el alma no podría ser forma del cuerpo si su "ser" no es compartido con el cuerpo.

14-El ser del cuerpo es corruptible y compuesto de partes cuantitativas, mientras que el ser del alma es incorruptible y simple. Así, el alma y el cuerpo no comparten un mismo "ser", lo que indica que el alma no puede ser simplemente la forma del cuerpo.

15-Aunque se argumente que el cuerpo humano obtiene su "ser" a través del alma, se responde citando a Aristóteles, quien sostiene que el alma es acto de un cuerpo físico orgánico. Por consiguiente, el cuerpo, como sujeto orgánico, ya debe ser un cuerpo constituido en el género corporal por alguna forma. Así, el cuerpo humano posee su propio "ser" aparte del alma.

16-Los principios esenciales como materia y forma se orientan al "ser". Cuando algo puede ser completo con un solo principio, no se requieren dos. Si el alma tiene su propio "ser" en cuanto *hoc aliquid*, el cuerpo no se uniría naturalmente a ella salvo como materia que actúa como soporte de la forma.

17-El "ser" (=existir= acto de existir= *actus essendi*) actúa en la sustancia del alma como su acto, y debería ser lo supremo en ella. Dado que lo inferior no alcanza lo superior en su parte más elevada, sino en su nivel inferior, el cuerpo (como inferior al alma) no podría participar en el "ser" que es supremo en el alma.

18-Las cosas que comparten un mismo "ser" también comparten una única operación. Si el *esse* (=existir= acto de existir= *actus essendi*) del alma humana unida al cuerpo fuera común con el cuerpo, entonces su operación, que es *intelligere* (entender), también debería ser común al cuerpo, lo cual es imposible, como demuestra Aristóteles. Así, el alma y el cuerpo no pueden tener un mismo "ser", lo que sugiere que el alma no puede ser simplemente forma del cuerpo y *hoc aliquid*.

> A continuación, Santo Tomás expone dos argumentos de autoridad, según los cuales el alma puede ser una forma y a la vez algo en sí mismo

1-Cada cosa obtiene su especie a través de su forma propia. En el caso del ser humano, su identidad y esencia específica residen en su racionalidad, es decir, en su capacidad para razonar. Por lo tanto, se concluye que el alma racional es la forma específica del ser humano, porque es la racionalidad la que define esencialmente lo que es el hombre. Así, el alma racional se presenta como la forma que hace del hombre lo que es, dándole su identidad específica.

A continuación, se señala que el alma racional es *hoc aliquid* (una entidad subsistente) porque opera independientemente. En particular, la capacidad intelectual de entender no depende de un órgano corporal. En *De Anima*, Aristóteles establece que la operación intelectual es independiente del cuerpo. Esto significa que el alma humana posee una existencia propia y es capaz de operar sin necesidad del cuerpo. En consecuencia, se afirma que el alma humana puede ser tanto *hoc aliquid* como la forma del cuerpo, ya que es independiente en sus operaciones intelectuales, pero a la vez es lo que define la esencia humana.

2-Finalmente, se argumenta que la perfección última del alma humana radica en la capacidad de conocer la verdad, lo cual ocurre a través del intelecto. Para alcanzar esta perfección en el conocimiento de la verdad, el alma necesita estar unida al cuerpo, ya que depende de los *phantasmata* (imágenes sensibles) generadas por los sentidos corporales. Los *phantasmata* son imágenes o representaciones de las cosas percibidas que son esenciales para el proceso de conocimiento intelectual. Dado que estas imágenes no existen sin el cuerpo, el alma debe unirse al cuerpo como su forma para poder realizar esta operación.

> A continuación, Santo Tomás ofrece su propia respuesta a la pregunta planteada sobre la naturaleza del alma y su relación con el cuerpo

En tal sentido, presenta el alma humana como algo único en su especie, siendo a la vez forma del cuerpo y una entidad subsistente *(hoc aliquid)*, capaz de operar independientemente de la materia. Este argumento combina principios aristotélicos con ideas cristianas y se desarrolla de la siguiente manera:

1-El concepto de "hoc aliquid" y su relación con el alma humana. Santo Tomás comienza aclarando el concepto de *hoc aliquid*, que hace referencia a un individuo concreto dentro del género de las sustancias. Siguiendo a Aristóteles, explica que las sustancias primarias *(primae substantiae)* son, sin duda, *hoc aliquid*, mientras que las sustancias secundarias *(secundae substantiae)*, aunque parecen tener una entidad similar, realmente expresan una cualidad o esencia común a varios individuos.

En el caso del alma humana, no solo puede subsistir por sí misma, sino que es también algo completo y específico en el género de las sustancias. Aunque se una al cuerpo, el alma mantiene su independencia y características propias, lo cual la distingue de otras formas materiales que no tienen subsistencia por sí mismas, como las partes del cuerpo (mano o pie).

2-Rechazo de teorías alternativas sobre la naturaleza del alma. El Doctor Angélico se opone a las ideas de Empédocles y Galeno, quienes veían el alma como una armonía o una combinación de cualidades corporales. Para Santo Tomás, estas ideas no explican adecuadamente la naturaleza de las operaciones del alma, como el crecimiento y la nutrición en las plantas (alma vegetativa) o la percepción sensorial en los animales (alma sensitiva), pues estas requieren un principio superior a las meras cualidades materiales.

Además, estas teorías son aún menos satisfactorias para explicar el alma racional, cuya actividad intelectual, que incluye el entendimiento y la abstracción de conceptos universales, trasciende las limitaciones materiales y requiere independencia del cuerpo.

3-El alma racional como subsistente y unida al cuerpo como su forma. Santo Tomás sostiene que el alma racional no solo subsiste por sí misma, sino que realiza operaciones, como el entendimiento (intelección de las esencias), que son completamente independientes del cuerpo. Esto se debe a que el entendimiento no necesita de un órgano corporal para funcionar, lo cual demuestra que el alma racional tiene un modo de existencia independiente del cuerpo.

Siguiendo a Aristóteles y a Platón, afirma que el intelecto es una sustancia incorruptible. Platón consideraba el alma como algo inmortal y capaz de moverse a sí misma. Santo Tomás no concuerda completamente con él, en tanto entendía al ser humano como el alma que "habita" un cuerpo, similar a un marinero en una nave.

4-La relación del alma y el cuerpo en el ser humano. Santo Tomás explica que el alma es aquello que da vida al cuerpo, y esta unión no es meramente accidental. El alma es la forma del cuerpo humano, dando su ser y especie a todo el cuerpo y sus partes. Cuando el alma se separa, las partes del cuerpo pierden sus nombres y funciones originales, ya que ya no cumplen su rol vital. Esto demuestra que la unión entre el alma y el cuerpo es esencial.

La muerte, que es la separación del alma y el cuerpo, implica una corrupción sustancial, lo que refuerza la idea de que el alma es la forma sustancial del cuerpo, no una forma accidental.

5-El alma humana, a mitad de camino entre sustancias corporales y separadas. Concluye que el alma humana, en cuanto unida al cuerpo, tiene una naturaleza que se encuentra en el límite entre las sustancias puramente materiales y las puramente espirituales. Esta unión permite que el alma humana tenga una operación que trasciende la materia y, al mismo tiempo, que alcance una perfección única tanto en el conocimiento de lo material como en el de lo universal.

La existencia del alma humana, por tanto, está elevada por encima del cuerpo, aunque necesita del cuerpo para su perfección y operación completa en la especie humana. Esta doble naturaleza coloca al alma humana en un nivel intermedio entre las sustancias puramente materiales y las puramente espirituales.

> A continuación, Santo Tomás responde a cada uno de los dieciocho argumentos expuestos inicialmente, según los cuales el alma humana no puede ser una forma y a la vez algo en sí mismo

1-Primera objeción. Santo Tomás explica que aunque el alma posee un "ser completo", no se sigue que el cuerpo esté unido a ella de forma accidental. El mismo "ser" del alma es compartido con el cuerpo, creando una unidad en el ser del compuesto entero. Además, aunque el alma puede subsistir por sí misma, no tiene una "especie completa" sin el cuerpo, que es necesario para su perfección.

2-Segunda objeción. Todo ente tiene ser e individuación de manera simultánea. Los universales existen en la realidad solo cuando están individualizados. Así, la existencia del alma es dada por Dios como causa activa y está en el cuerpo como en su materia, sin que dependa de éste para su perduración cuando el cuerpo muere.

3-Tercera objeción. El alma humana no es un *hoc aliquid* como una sustancia que tiene una especie completa, sino como una parte que compone una especie completa, tal como se ha explicado. Por eso, el argumento no se sostiene.

4-Cuarta objeción. Aunque el alma humana puede subsistir por sí misma, no tiene una especie completa, por lo que las almas separadas no formarían un solo "grado de ser" como los demás seres completos.

5-Quinta objeción. El cuerpo humano es la materia proporcionada al alma, comparándose a ella como potencia al acto. No es necesario que se igualen en virtud de ser -es decir, no necesitan compartir una naturaleza o nivel de perfección idéntico-, ya que el alma no es una forma completamente contenida por la materia, lo cual se evidencia en que algunas operaciones del alma exceden la materia. Según la fe, el cuerpo fue creado incorruptible, pero por el pecado fue sujeto a muerte, de la cual será liberado en la resurrección.

6-Sexta objeción. El alma humana, al ser subsistente, está compuesta de potencia y acto. Su esencia *(essentia)* no es su ser (existir=*esse*=*actus essendi*), sino que está en relación a él como potencia al acto. Esto no impide que el alma pueda ser forma del cuerpo, ya que, en otros casos, algo que es acto en un aspecto puede ser potencia en otro.

7-Séptima objeción. El alma se une al cuerpo tanto por la perfección sustancial (para completar la especie humana) como por la perfección accidental, ya que la adquisición de conocimiento intelectual proviene de los sentidos. Aunque las almas de los niños o los difuntos tienen otro modo de conocimiento, esto se debe más a la separación que a la esencia humana.

8-Octava objeción. No es necesario que aquello que es "hoc aliquid" esté compuesto de materia y forma, sino solo que pueda subsistir por sí mismo. Aunque el compuesto sea "hoc aliquid", esto no impide que otras cosas también puedan ser "hoc aliquid".

9-Novena objeción. Algo que existe en otro como accidente en un sujeto pierde la cualidad de "hoc aliquid". Sin embargo, algo que está en otro como una parte no pierde necesariamente esa cualidad, como el alma en el hombre.

10-Décima objeción. Cuando el cuerpo perece, el alma no pierde su naturaleza de forma, aunque ya no actualice a la materia en acto, pues sigue siendo forma en potencia.

11-Undécima objeción. El entendimiento (intelección de las esencias) es una operación propia del alma como principio que no depende del cuerpo. Sin embargo, el cuerpo participa en el entendimiento desde el punto de vista del objeto, ya que las imágenes *(phantasmata)*, objeto del intelecto, necesitan de órganos corporales.

12-Duodécima objeción. El alma depende del cuerpo en cuanto necesita del cuerpo para completar su especie, pero no de tal manera que no pueda existir sin él.

13-Decimotercera objeción. Para que el alma sea forma del cuerpo, el "ser" del alma y del cuerpo debe ser común, el cual es el "ser" del compuesto. Esto no se ve impedido por la diferencia de géneros entre el alma y el cuerpo, ya que ambos solo pertenecen a un género en cuanto partes del compuesto.

14-Decimocuarta objeción. Lo que propiamente se corrompe no es ni la forma ni la materia, sino el compuesto. El cuerpo se dice corruptible en tanto que pierde el "ser" que compartía con el alma, que subsiste por sí misma.

15-Decimoquinta objeción. En las definiciones de las formas, a veces se usa el sujeto en potencia, como al decir que el movimiento es el acto de lo que está en potencia. De igual forma, el alma es el acto del cuerpo orgánico, ya que lo hace un cuerpo organizado.

16-Decimosexta objeción. Los principios esenciales de una especie no se ordenan solo al "ser" en general, sino al ser de esa especie particular. Aunque el alma puede existir por sí misma, no puede realizar su especie sin el cuerpo.

17-Decimoséptima objeción. Aunque el ser es la forma más perfecta, es también lo más comunicable. El cuerpo participa en el ser del alma, aunque no de una manera tan noble.

18-Decimoctava objeción. Aunque el "ser" del alma es de algún modo compartido con el cuerpo, este no participa de toda la nobleza y virtud del "ser" del alma, por lo cual hay operaciones del alma en las que el cuerpo no participa.

2. SEGUNDA CUESTIÓN: si el alma humana, en cuanto a su acto de existir, está separada del cuerpo

> Santo Tomás expone veinte argumentos de diversos autores, según los cuales parece que el alma humana está separada del cuerpo según el ser (existir=acto de ser=acto de existir=*esse*=*actus essendi*)

1- Se menciona que en *De Anima* III, *El Filósofo* (Aristóteles) dice que lo sensitivo no puede existir sin un cuerpo, pero el intelecto sí está separado. Como el intelecto es identificado con el alma humana, se concluye que el alma humana también está separada del cuerpo en cuanto a su acto de existir.

2-Este argumento afirma que el alma es el acto del cuerpo físico orgánico y que el cuerpo es su órgano. Si el intelecto se une al cuerpo en cuanto a su existir como una forma, entonces el cuerpo debería ser su órgano, lo que es considerado imposible según Aristóteles. Esto implica que el intelecto no puede estar unido al cuerpo de la misma manera que una forma se une a la materia.

3-Se establece que la unión de la forma con la materia es más intensa que la unión de una potencia con su órgano. Como el intelecto es simple y no puede estar concretamente unido al cuerpo como lo está la potencia con el órgano, se concluye que aún menos puede unirse al cuerpo como la forma se une a la materia.

4-Este argumento aborda la relación entre el intelecto, entendido como la potencia intelectiva, y el cuerpo, partiendo de la premisa de que el intelecto no posee un órgano físico. Se establece que, a diferencia de otras potencias del alma que dependen de un cuerpo orgánico para su funcionamiento, el intelecto opera sin necesidad de uno. Se sugiere que la esencia del alma intelectiva podría unirse al cuerpo como forma, pero esta idea plantea un conflicto con la noción de que el intelecto no puede ser un acto del cuerpo. Además, se sostiene el principio de que "el efecto no es más simple que su causa". Esto significa que si una potencia, como la del intelecto, es un efecto de la esencia del alma, no puede ser más simple que la esencia de dicha alma, lo que implica que la esencia del alma posee una complejidad que no se encuentra en las potencias individuales que dependen de ella. Por lo tanto, dado que el intelecto no puede ser acto del cuerpo, se concluye que el alma intelectiva tampoco puede unirse al cuerpo como forma. Así, el intelecto, al ser una forma no individuada, no puede tener una relación de unión con el cuerpo similar a la que existe entre una forma y su materia. Este argumento refuerza la idea de que el intelecto tiene una naturaleza esencialmente separada y distinta del cuerpo, subrayando su independencia y su operación fuera de la corporeidad.

5-Se plantea que toda forma unida a la materia es individuada por ésta. Si el alma intelectual se une al cuerpo como forma, debería ser individual. Esto implicaría que las formas que recibe el alma serían formas individuadas, lo cual es problemático porque esto negaría la capacidad del alma para conocer lo universal.

6-Aquí se argumenta que la forma universal no puede ser intelectiva a partir de algo que está fuera del alma, dado que todas las formas que existen en los objetos externos son individuadas. Si las formas del intelecto son universales, deberían provenir del alma intelectual, lo que implicaría que el alma no es una forma individuada y, por lo tanto, no se une al cuerpo en cuanto a su acto de existir.

7-Se argumenta que las formas inteligibles, en cuanto a su relación con el alma, son individuadas, pero en cuanto a su similitud con las cosas, son universales. Sin embargo, dado que la forma es el principio de la operación, la operación que sigue sería solo individual y no universal, lo cual es contradictorio.

8-Se refiere a una afirmación de Aristóteles sobre las jerarquías entre las diferentes funciones del alma. Al igual que un triángulo está en un cuadrado solo potencialmente, el nutritivo y el sensitivo están en el intelectivo solo potencialmente. Por lo tanto, dado que las partes nutritiva y sensitiva no están en acto en la parte intelectiva, se concluye que la parte intelectiva no está unida al cuerpo.

9-Se menciona que no se puede considerar simultáneamente un animal y un hombre; primero se es animal y luego se es hombre. Esto implica que lo que constituye al animal (lo sensitivo) y lo que constituye al hombre (lo intelectivo) no son lo mismo, lo que refuerza la idea de que las partes sensitivas e intelectivas no se unen en una única sustancia.

10-Se establece que la forma debe estar en el mismo género que la materia a la que se une. Como el intelecto no pertenece al género de los cuerpos, se concluye que el intelecto no puede ser una forma unida al cuerpo de la misma manera que lo es la materia.

11-Se argumenta que de dos sustancias que existen en acto no puede formarse una sola. Tanto el cuerpo como el intelecto son sustancias que existen en acto. Por lo tanto, el intelecto no puede unirse al cuerpo para que de ellos surja una sola cosa.

12-Aquí se sostiene que toda forma unida a la materia se realiza a través del movimiento y la mutación de la materia. Sin embargo, el alma intelectiva no se realiza a partir de la potencia de la materia, sino que proviene de una fuente externa, según dice Aristóteles en el *De Anima* XVI. Esto implica que el alma intelectiva no es una forma unida a la materia.

13-Este argumento establece que cada entidad actúa conforme a lo que es. El alma intelectiva puede actuar de manera independiente del cuerpo, específicamente al entender. Por lo tanto, no está unida al cuerpo en cuanto a su acto de ser o existir.

14-Se afirma que lo que es mínimamente inconcebible es imposible para Dios. Se considera inconcebible que un alma inocente esté encerrada en un cuerpo, semejante a una prisión. Por lo tanto, sería imposible para Dios unir el alma intelectiva al cuerpo.

15-Aquí se menciona que ningún artista sabio impide su propia obra. Sin embargo, el cuerpo es el mayor impedimento para que el alma intelectiva perciba la verdad, en la que reside su perfección. Esto se relaciona con la idea de que el cuerpo, que se corrompe, pesa sobre el alma. Por lo tanto, Dios no unió el alma intelectiva al cuerpo.

16-Se argumenta que las cosas unidas entre sí tienen una afinidad mutua. Sin embargo, el alma intelectiva y el cuerpo son contrarios, dado que la carne desea lo contrario al espíritu y viceversa. Por lo tanto, el alma intelectiva no está unida al cuerpo.

17-Este argumento sostiene que el intelecto está en potencia con respecto a todas las formas inteligibles, sin tener ninguna en acto; de forma similar a la materia prima, que está en potencia a todas las formas sensibles. Esto implica que, así como hay una materia prima única para todas las cosas, el intelecto también es uno y, por lo tanto, no está unido al cuerpo, que lo individualiza.

18-Se refiere a la afirmación de Aristóteles en *De Anima* III, donde argumenta que si el intelecto posible tuviera un órgano corporal, tendría alguna naturaleza determinada de las naturalezas sensibles y, por lo tanto, no podría recibir y conocer todas las formas sensibles. Si el intelecto se une al cuerpo como forma, tendría que tener una naturaleza sensible determinada y, por ende, no podría ser receptivo y cognoscitivo de todas las formas sensibles, lo cual es imposible.

19-Este argumento establece que toda forma unida a la materia está presente en la materia recibida. Lo que se recibe de algo, está en él según el modo del receptor. Por lo tanto, toda forma unida a la materia está en ella según el modo de la materia. Sin embargo, el modo de la materia sensible y corporal no permite recibir algo de manera inteligible. Dado que el intelecto tiene un ser inteligible, no es una forma unida a la materia corporal.

20-Se argumenta que si el alma se une a la materia corporal, debe ser recibida en ella. Todo lo que es recibido por algo, es recibido en su materia. Por lo tanto, si el alma está unida a la materia, todo lo que se recibe en el alma se recibe en la materia. Pero las formas del intelecto no pueden ser recibidas por la materia prima; en cambio, se convierten en inteligibles mediante la abstracción de la materia. Por lo tanto, el alma unida a la materia corporal no será receptiva de formas inteligibles, lo que implica que el intelecto, que es receptivo de estas formas, no estará unido a la materia corporal.

> A continuación, Santo Tomás expone dos argumentos de autoridad según los cuales el alma humana no está separada del cuerpo según el ser (o existir o acto de ser o acto de existir o *esse* o *actus essendi*)

El primer argumento hace referencia a una afirmación de Aristóteles en su obra *De anima*, donde se plantea que no se debe cuestionar si el alma y el cuerpo son una sola entidad, del mismo modo que no se debe cuestionar la relación entre la cera y su figura. Así como la figura no puede existir separadamente de la cera que le da forma, se concluye que el alma no puede estar separada del cuerpo en términos de su existir. Dado que el intelecto es considerado una parte del alma, según Aristóteles, se deduce que el intelecto tampoco puede existir de manera separada del cuerpo.

El segundo argumento refuerza esta idea al afirmar que ninguna forma puede existir separada de su materia en términos de su acto de ser o existir. Se establece que el alma intelectiva es la forma del cuerpo, lo que implica que su existencia está intrínsecamente vinculada a la materia del cuerpo. Por lo tanto, dado que el alma intelectiva no puede existir sin la materia a la que da forma, se concluye que no puede ser considerada separada del cuerpo en su ser.

> A continuación, Santo Tomás ofrece su propia respuesta a la pregunta planteada

1-Consideración del principio en potencia y en acto. Santo Tomás comienza afirmando que, donde hay algo que puede estar en potencia y en acto (es decir, que puede ser o no ser en un momento dado), debe haber un principio que permita que esa cosa esté en potencia. Usa el ejemplo del ser humano, que puede estar sintiendo en acto o en potencia. Para que el ser humano sienta, debe existir un principio sensible en él que le permita estar en potencia respecto a los sensibles. Si estuviera siempre sintiendo en acto, siempre tendría que haber una forma sensible presente.

2-Relación del intelecto con la potencia. De la misma manera, el ser humano puede entender en acto o estar en potencia para entender. Por tanto, es necesario considerar un principio intelectual en el ser humano que esté en potencia respecto a las cosas que puede entender. Este principio es lo que Aristóteles llama el "intelecto posible". Este intelecto debe estar en potencia para recibir las formas inteligibles, al igual que el ojo está en potencia para recibir todos los colores.

3-Naturaleza del intelecto posible. Santo Tomás concluye que el intelecto posible debe ser "denudado" (despojado) de todas las formas sensibles, lo que implica que no tiene un órgano corporal específico. Si tuviera un órgano, estaría determinado a una naturaleza sensible, como la visión está determinada por el ojo. Por lo tanto, el intelecto posible no puede ser similar a las potencias sensibles y no debe confundirse con ellas.

4-Refutación de otras posiciones. Algunos filósofos antiguos afirmaban que el intelecto no se diferenciaba de las potencias sensibles, y otros pensaban que el intelecto era una forma o virtud que se mezclaba con el cuerpo. Sin embargo, estas posiciones son refutadas, pues si el intelecto posible fuera una sustancia separada del cuerpo, sería imposible que la persona pudiera entender a través de él. **La acción del intelecto es completamente diferente de la acción de un principio externo.** Por tanto, si el intelecto fuera separado, no podría actuar en el ser humano.

5-Aclaración de la relación entre el intelecto y las imágenes. Santo Tomás menciona la idea de que, aunque Averroes afirmaba que el intelecto posible es una sustancia separada, él buscó conectar el intelecto posible con las imágenes (*phantasmata*-fantasmas) que el ser humano genera a partir de sus experiencias sensoriales. Sin embargo, aunque esta relación sugiere una conexión, no es suficiente para establecer que el intelecto sea capaz de entender de manera efectiva.

6-Distinción entre potencia cognitiva y especies. El hecho de que las especies cognoscibles estén presentes no significa que se pueda entender. El entendimiento depende de que haya un potencial cognitivo, que en este caso es el intelecto posible, que no está mezclado con el cuerpo. Por lo tanto, aunque las imágenes (fantasmas) sean accesibles, no implican que el intelecto comprenda.

7-Naturaleza de la sustancia separada. Finalmente, Santo Tomás sostiene que las sustancias separadas, siendo perfectas, no requieren de las acciones materiales. El intelecto posible, que está en potencia a las especies de las cosas sensibles y depende de la actividad humana, no puede ser una de esas sustancias separadas.

En conclusión, Santo Tomás establece que el alma humana es una forma unida al cuerpo, pero no totalmente absorbida por él. La humanidad tiene una capacidad para comprender (potencia) que está relacionada con el intelecto posible. Esto significa que el intelecto, aunque no depende de un órgano físico, se manifiesta a través de la esencia del alma humana, que es la forma del ser humano.

El alma no está separada del cuerpo en cuanto a su esencia. Al definir la naturaleza del intelecto posible y su relación con el cuerpo, refuta la idea de que el intelecto pueda existir como una entidad separada y afirma que, en efecto, el intelecto humano depende del cuerpo y de las experiencias sensoriales para su comprensión. De esta manera, defiende la unidad del alma y el cuerpo en el ser humano, contradiciendo las visiones que consideran que el intelecto es una sustancia independiente.

> A continuación, Santo Tomás responde a cada uno de los veinte argumentos expuestos inicialmente según los cuales el alma humana está separada del cuerpo según el ser o existir

1-Santo Tomás explica que el intelecto se dice separado porque permanece incluso cuando el cuerpo está corrupto; es decir, el intelecto puede existir sin el cuerpo, a diferencia de las potencias sensitivas que dependen del cuerpo para operar. El intelecto no requiere un órgano corporal para sus funciones, lo que lo distingue de los sentidos.

2-El alma humana se considera el acto del cuerpo orgánico, pues el cuerpo es su órgano. Sin embargo, el alma no necesita que el cuerpo sea su órgano para el ejercicio de todas sus facultades, porque el alma misma excede la proporción del cuerpo. Esto significa que, aunque el alma actúa en el cuerpo, su naturaleza es más elevada.

3-Un órgano es el principio de la operación de una potencia. Si el intelecto estuviera unido a un órgano, su operación dependería de ese órgano. Pero dado que el intelecto humano es una virtud del alma, no se limita a una naturaleza sensible, y por lo tanto, puede operar sin depender de un órgano material.

4-El intelecto se relaciona con el alma en su capacidad de elevarse por encima de la materia corporal. No es el acto de un órgano específico, sino que es una parte esencial del alma. Así, aunque el intelecto no dependa totalmente del cuerpo, está en armonía con la esencia del alma.

5-Aunque el alma humana es una forma individualizada y tiene potencias como el intelecto, esto no impide que estas potencias actúen de manera inmaterial. Las formas separadas pueden ser individuales, y el intelecto puede comprender lo inmaterial y universal, a pesar de su individuación.

6-El intelecto proporciona a las formas entendidas la capacidad de ser universales al abstraerlas de los principios materiales que las individualizan. Por lo tanto, el intelecto no necesita ser universal en sí mismo, sino más bien inmaterial.

7-La especie de una operación se deriva de la forma que es su principio. La eficacia de la operación depende de cómo se perfecciona el sujeto. Así, entender lo universal es parte de la operación intelectual, y el modo en que se realiza determina su perfección.

8-La analogía entre las partes del alma y las figuras muestra que, así como una figura más compleja incluye lo que tiene una figura más simple, el alma sensitiva contiene lo que tiene el alma nutritiva. Esto no significa que sean diferentes en esencia, sino que hay una inclusión jerárquica.

9-La distinción entre el concepto de animal y el de hombre no implica que haya diferentes principios en cada ser. En los animales, las operaciones imperfectas son evidentes antes que las más perfectas, similar a cómo se generan las formas.

10-La forma no pertenece a un género específico; el alma intelectiva es la forma del hombre y, aunque unida al cuerpo, ambos son considerados dentro del género animal y la especie humana.

11-De dos sustancias completas y perfectas no se puede generar una sola. Sin embargo, el alma y el cuerpo son partes de la naturaleza humana, lo que permite que de ellos se forme una unidad.

12-Aunque el alma es una forma unida al cuerpo, excede la proporción de toda la materia corporal. Por lo tanto, no puede ser completamente actualizada por movimientos o cambios materiales como otras formas.

13-El alma tiene una operación que no comparte con el cuerpo en cuanto a su naturaleza superior. Sin embargo, esto no implica que esté completamente separada del cuerpo.

14-Esta objeción proviene de la posición de Orígenes, quien afirmaba que las almas fueron creadas sin cuerpos y luego unidas a ellos. Esto es incorrecto, ya que la unión con el cuerpo no perjudica el alma, sino que la perfecciona.

15-El modo natural de conocer del alma implica percibir verdades inteligibles a través de los sentidos. Sin embargo, la corrupción del cuerpo afecta esta capacidad debido al pecado original.

16-La lucha entre lo carnal y lo espiritual indica la conexión del alma con el cuerpo. Las partes del alma que están unidas al cuerpo tienden hacia lo placentero para la carne, lo que puede chocar con los deseos del espíritu.

17-El intelecto posible no tiene formas inteligibles en acto, sino en potencia. Por lo tanto, no es correcto afirmar que es uno en todos, sino que es uno en relación a todas las formas inteligibles.

18-Si el intelecto posible tuviera un órgano corporal, ese órgano sería el principio del entendimiento, pero esto es falso, ya que el intelecto no se determina a una naturaleza sensible específica.

19-A pesar de que el alma está unida al cuerpo de manera corporal, su parte que supera la capacidad del cuerpo tiene naturaleza intelectual. Por lo tanto, las formas que se reciben en ella son inteligibles y no materiales.

20-La respuesta a este argumento reafirma que el alma, a pesar de estar unida al cuerpo, posee una naturaleza intelectual que la diferencia y permite comprender la realidad inmaterial.

A través de estas respuestas, Santo Tomás defiende la naturaleza del ser humano, donde el alma y el cuerpo interactúan y se complementan, pero también señala la superioridad y la independencia del intelecto humano en su capacidad de conocimiento y entendimiento.

3. TERCERA CUESTIÓN: si hay un intelecto posible, o alma intelectiva, para todos los hombres

> Santo Tomás expone los argumentos de distintos autores, según los cuales parece que el entendimiento (intelecto) posible o el alma intelectiva humana es una en todos los seres humanos

1-La perfección debe ser proporcional al objeto que perfecciona. La verdad es la perfección del intelecto, y siendo esta verdad una sola y compartida por todos, algunos sugieren que el intelecto posible debería ser uno en todos los seres humanos.

2-Santo Tomás cita a San Agustín, quien expresa dudas sobre si hay una única alma en todos o si hay múltiples almas en muchos. Observa la dificultad de que una misma alma esté simultáneamente en un estado de dicha y de sufrimiento en diferentes individuos. También le parece absurdo sostener que existan múltiples almas en múltiples personas. *Agustín dice en el libro De quantitate animae: Sobre el número de las almas no sé qué responderte.*

3-Toda distinción entre dos cosas depende de tener una naturaleza determinada. Como el intelecto posible es potencial en relación a todas las formas y carece de forma actual, no debería estar limitado ni distinguirse, y por lo tanto no podría multiplicarse en varios individuos.

4-Aquí se establece que el intelecto posible es completamente separado de lo que comprende, incluso de sí mismo, y por lo tanto carece de una base para ser múltiple en diferentes personas.

5-Todo lo que se distingue y multiplica debe compartir algo común, como el género. Sin embargo, el intelecto posible no comparte nada en común con ninguna otra cosa, lo que implica que no puede distinguirse ni multiplicarse en individuos distintos.

6-Maimónides sostiene que los seres separados de la materia sólo se multiplican por causa y efecto. Puesto que el intelecto de una persona no es causa del intelecto de otra, y siendo el intelecto posible una realidad separada, no debería ser múltiple.

7-Aristóteles enseña que el intelecto es lo mismo que aquello que se entiende. Dado que el objeto de entendimiento es el mismo para todos, parece que el intelecto posible es uno y el mismo en todos los seres humanos.

8-El objeto de la intelección es lo universal, que es uno en muchos. Como esta unidad no proviene de la realidad de los individuos, sino de la actividad intelectual, se deduce que el intelecto debe ser uno en todos.

9-Argumento del lugar común del alma. El texto comienza con una cita de *El Filósofo* (Aristóteles) en su obra *De Anima*, donde afirma que el alma es el "lugar de las especies" (entendiendo "especies" como formas o conceptos universales). La noción de "lugar" sugiere algo que puede contener varias cosas, de manera que si el alma es el lugar de las especies, debería ser única y común a todos los seres humanos. Esto plantea una objeción a la idea de que cada persona tiene un alma individual, ya que el concepto de "lugar" se aplica a algo que puede albergar múltiples entidades sin ser multiplicado por cada una de ellas.

10-Algunos objetan que el intelecto sea "lugar de las especies". Este término significa que el intelecto tiene la capacidad de contener las formas o conceptos universales de las cosas que percibimos e imaginamos.

La objeción plantea que, si el intelecto es considerado "lugar de las especies" solo porque "contiene" esas formas, entonces también debería aplicarse el mismo término al sentido. Esto se debe a que los sentidos también "contienen" o capturan las formas de los objetos sensibles, como los colores, sonidos, etc., cuando interactuamos con ellos.

Una respuesta que se ofrece a esta objeción señala que Aristóteles restringe esta capacidad de contención exclusivamente al intelecto y no a los sentidos. Según Aristóteles, el intelecto puede contener los conceptos universales de las cosas, mientras que los sentidos solo perciben lo particular y concreto. Así, el intelecto es "lugar de las formas" porque posee la capacidad de abstraer y comprender universales, algo que los sentidos, que se limitan a captar lo individual y particular, no pueden hacer.

11-Dado que el intelecto actúa en todas partes, al conocer realidades que existen en cualquier lugar, parece estar presente en todas partes y, por lo tanto, ser único en todos.

12-Todo aquello que es particular requiere una materia específica para ser individualizado. Como el intelecto posible no está atado a ninguna materia, tampoco se define como particular, lo que sugiere que es uno en todos.

13-Contra esto, se propone que el intelecto está limitado por el cuerpo humano en el cual reside. Tal aserción se refuta, afirmando que, al ser el cuerpo ajeno a la esencia del intelecto posible, no puede ser principio de individuación ni multiplicación de éste.

14-Según Aristóteles, si hubiera múltiples mundos habría múltiples primeros motores, los cuales serían materiales, algo imposible. Por analogía, si hubiera múltiples intelectos posibles, el intelecto sería material, lo cual es inadmisible.

15-Si los intelectos fueran múltiples, se conservarían tras la muerte, y entonces diferirían en especie. Como esto implicaría que los humanos tendrían especies diferentes, algo que claramente es falso, concluye que el intelecto no puede ser múltiple.

16-Aquello separado de lo material no puede multiplicarse según los cuerpos. Ya que el intelecto es una realidad separada del cuerpo, no puede multiplicarse ni distinguirse entre individuos.

17-Si el intelecto posible se multiplicara, las formas inteligibles también lo harían y se convertirían en individuales, siendo entonces inteligibles solo en potencia y no en acto, lo cual es inadmisible.

18-Se argumenta que lo común entre el agente y el paciente es esencial. Sin embargo, como el intelecto posible no comparte nada en común con los fantasmas (imágenes sensibles), no puede ser el mismo intelecto que poseemos internamente y, por tanto, no se multiplicaría entre personas.

19-Todo aquello que existe como uno, no depende de otro para serlo. Como el intelecto posible no depende del cuerpo para existir, su unidad tampoco depende del cuerpo y, por consiguiente, no puede multiplicarse con los cuerpos.

20-Aristóteles enseña que en las formas puras, la esencia es la misma que la especie. Como el intelecto posible es una forma pura, si la naturaleza de la especie es una, el intelecto también lo es en todos los animales intelectuales.

21-La multiplicación de almas según los cuerpos se da solo en virtud de la unión con estos. Como el intelecto posible se entiende como aquello que trasciende la unión con el cuerpo, no se multiplica entre humanos.

22-Si el intelecto dependiera de la multiplicación del cuerpo, las especies inteligibles se multiplicarían, lo cual contradice su naturaleza como formas inteligibles en acto. Por lo tanto, ni el alma ni el intelecto posible pueden multiplicarse.

Esta serie de argumentos constituye una defensa de la idea de que el intelecto posible es único para todos los seres humanos, ya que su naturaleza separada y universal impide que se multiplique o distinga entre individuos.

> A continuación, Santo Tomás expone dos argumentos de autoridad según los cuales el intelecto posible no es uno y el mismo para todos los seres humanos

1-Primer argumento contra la unicidad del intelecto posible. Si el intelecto posible fuera único y común a todos los seres humanos, entonces, lo que una persona comprende o conoce, lo comprendería o conocería también cualquier otra persona. Esto es obviamente falso, porque cada persona tiene conocimientos y experiencias intelectuales diferentes. Por lo tanto, este argumento sugiere que debe haber una distinción en el intelecto posible para cada individuo, permitiendo que cada persona tenga su propio conocimiento.

2-Segundo argumento basado en la relación entre el alma intelectiva y el cuerpo. El alma intelectiva (o intelecto posible) se relaciona con el cuerpo de dos maneras: como forma, que da existencia y organización al cuerpo, y como motor, que guía y mueve el cuerpo como su instrumento. Siguiendo esta lógica, cada forma requiere una materia específica y cada motor un instrumento determinado. Así, sería imposible que una sola alma intelectiva funcionara en múltiples cuerpos, ya que cada cuerpo necesitaría su propia forma o alma que se adaptara a sus características individuales.

Estos argumentos apoyan la idea de que cada ser humano tiene un intelecto posible propio y distinto de los demás, ya que compartir un único intelecto entre todos los individuos no sería coherente con la individualidad de la experiencia intelectual y la relación específica que el alma tiene con el cuerpo.

> A continuación, Santo Tomás ofrece su propia respuesta a la Cuestión planteada

El Doctor Angélico explora la cuestión de si el intelecto posible, aquella facultad que permite la capacidad de conocer en los seres humanos, es una entidad única y común para todos o si se multiplica en cada individuo. El análisis se centra en argumentos ontológicos y epistemológicos sobre la naturaleza de este intelecto. Estos son los puntos principales de su argumentación:

1-Dependencia del intelecto con el cuerpo. Santo Tomás afirma que, si el intelecto posible existe como una sustancia separada del cuerpo, entonces debería ser uno solo para todos, ya que las sustancias separadas no se multiplican por la variedad de cuerpos. Sin embargo, esta conclusión plantea problemas importantes, especialmente respecto a cómo cada individuo puede tener conocimientos diferentes si todos compartieran el mismo intelecto.

2-Dificultad especial en la unidad del intelecto. Santo Tomás señala que parece absurdo que todos compartan un mismo intelecto, ya que el conocimiento varía de persona a persona. Esto sería imposible si el intelecto fuera uno y el mismo en todos, pues una perfección común no puede ser la base para una diversidad de conocimientos en cada individuo.

3-Argumento de los fantasmas *(phantasmata)*. Algunos filósofos intentan resolver este problema afirmando que las "especies inteligibles" están en los fantasmas particulares de cada persona, y no en el intelecto común. De este modo, aunque el intelecto es uno, los conocimientos son diferentes debido a la diversidad de fantasmas. Santo Tomás rechaza esta idea porque considera que las especies no son inteligibles en acto hasta que el intelecto las abstrae de los fantasmas, por lo que no puede haber diversidad en el conocimiento simplemente por tener fantasmas diferentes.

4-Operación del intelecto en individuos diferentes. Santo Tomás plantea que si el intelecto fuera único, entonces la operación de "inteligencia" también sería única y, por lo tanto, no podría ser atribuida a individuos particulares. Además, sería imposible que dos personas simultáneamente comprendieran el mismo concepto en el mismo momento.

Esto muestra una contradicción en la idea de un intelecto común, pues la inteligencia es una operación particular en cada persona.

5-Imposibilidad de un intelecto único. Concluye que el intelecto no puede ser uno en todos, ya que esto sería contradictorio con la multiplicidad de experiencias y conocimientos. Santo Tomás afirma que el intelecto debe multiplicarse con cada alma humana y que, siendo parte de la naturaleza humana, está necesariamente ligado a cada individuo en particular.

6-Naturaleza del alma y multiplicidad. Santo Tomás explica que el intelecto humano se individualiza en cada persona como una propiedad del alma, que se multiplica con cada cuerpo humano, de modo similar a cómo ciertas cualidades físicas pueden ser las mismas en esencia, pero diferentes en cada individuo.

En resumen, Santo Tomás argumenta que el intelecto posible no es una entidad única compartida por todos los humanos, sino que se individualiza en cada persona. Esta individualización permite que cada ser humano tenga su propio conocimiento y experiencias particulares, en consonancia con la idea de que cada alma humana es única y tiene un intelecto propio.

> A continuación, Santo Tomás responde a cada uno de los veintidós argumentos expuestos inicialmente, según los cuales existe unidad entre el intelecto posible y el alma intelectiva en todos los hombres

1-Respuesta al primer argumento. Santo Tomás responde que la verdad es la adecuación del intelecto a la cosa (la realidad). Así, cuando diferentes personas conocen la misma verdad, se debe a que sus concepciones coinciden con la misma realidad.

2-Respuesta al segundo argumento. Aquí se aclara que San Agustín se declararía ridículo no por afirmar que existen muchas almas, sino si dijera que son muchas tanto en número como en especie, lo cual implicaría una duplicidad no justificada.

3-Respuesta al tercer argumento. Santo Tomás explica que el intelecto posible no se multiplica por alguna diferencia de forma, sino por la multiplicación de la sustancia del alma misma, de la cual es potencia.

4-Respuesta al cuarto argumento. No es necesario que el intelecto común se separe de lo que conoce, solo el intelecto en potencia debe estar libre de la naturaleza de lo que recibe. Por ello, un intelecto que ya es acto (como el divino) se conoce a sí mismo de manera inherente, mientras que el intelecto posible se conoce a sí mismo a través de la especie inteligible de otros objetos.

5-Respuesta al quinto argumento. Se aclara que el intelecto posible no tiene nada en común con las naturalezas sensibles, de las cuales recibe sus inteligibles, aunque un intelecto posible es específicamente el mismo que otro.

6-Respuesta al sexto argumento. Santo Tomás afirma que en seres separados de la materia, la distinción solo puede ser según la especie y que las diferentes especies se configuran en grados, como los números se diversifican mediante suma o resta. Sin embargo, la multiplicación en seres separados no es aceptable en la fe cristiana.

7-Respuesta al séptimo argumento. Aun cuando varios individuos poseen una misma especie inteligible en sus respectivos intelectos, lo que se entiende mediante estas especies es uno solo, ya que el objeto de conocimiento universal es idéntico en todos los casos. Esta unidad se debe a la inmaterialidad de las especies inteligibles.

8-Respuesta al octavo argumento. Los platónicos sostienen que el hecho de que algo sea uno en muchos proviene de la cosa misma. Así, argumentan la necesidad de ideas como participación de las cosas naturales y de las inteligencias universales. Para Aristóteles, en cambio, el entendimiento de uno en muchos proviene de la abstracción del intelecto, que abstrae de los principios individuantes.

9-Respuesta al noveno argumento. Aquí se explica que el intelecto es un "lugar" de las especies porque las contiene, pero esto no implica que el intelecto posible sea uno para todos los hombres, sino que es común a todas las especies.

10-Respuesta al décimo argumento. A diferencia del intelecto, el sentido no puede considerarse lugar de las especies ya que requiere de un órgano para recibirlas.

11-Respuesta al undécimo argumento. Santo Tomás aclara que el intelecto posible "opera en todas partes" no porque su operación esté en todas partes, sino porque se relaciona con cosas que están en todas partes.

12-Respuesta al duodécimo argumento. Aunque el intelecto posible no tiene una materia determinada, la sustancia del alma, de la cual es potencia, sí la tiene, no en el sentido de ser de ella, sino en el sentido de estar en ella.

13-Respuesta al decimotercer argumento. Los principios de individuación no pertenecen a la esencia de las formas, sino que esto solo se aplica en el caso de sustancias compuestas de materia y forma.

14-Respuesta al decimocuarto argumento. Se diferencia entre el primer motor del cielo, absolutamente separado de la materia, y el alma humana, la cual no es similar en su relación con la materia.

15-Respuesta al decimoquinto argumento. Las almas separadas no difieren en especie sino en número, porque pueden unirse a cuerpos específicos.

16-Respuesta al decimosexto argumento. Aunque el intelecto posible está separado del cuerpo en cuanto a su operación, es una potencia del alma, la cual es acto del cuerpo.

17-Respuesta al decimoséptimo argumento. Algo es entendido en potencia no por ser individual, sino por ser material. Así, las especies inteligibles, aunque individualizadas, son entendidas en acto por el intelecto.

18-Respuesta al decimoctavo argumento. El fantasma mueve al intelecto al hacerse inteligible en acto, mediante la acción del intelecto agente, al cual se relaciona el intelecto posible como potencia con respecto a un agente.

19-Respuesta al decimonoveno argumento. Aunque el ser del alma intelectiva no depende del cuerpo, tiene una inclinación natural hacia él para la perfección de su especie.

20-Respuesta al vigésimo argumento. Si bien el alma humana no incluye materia como parte de sí misma, es la forma del cuerpo, y su esencia incluye la relación con el cuerpo.

21-Respuesta al vigésimo primer argumento. Aunque el intelecto posible se eleva sobre el cuerpo, no se eleva sobre toda la sustancia del alma, que se multiplica en relación con distintos cuerpos.

22-La respuesta al vigésimo segundo argumento. Santo Tomás busca aclarar que la relación del alma con el cuerpo no significa que todo en la esencia del alma esté sujeto a la materialidad. **Santo Tomás sostiene que, aunque el alma está unida al cuerpo como su forma, no todas sus operaciones dependen de la materia**. En este sentido, se reafirma que existen aspectos en la naturaleza del alma (particularmente, la intelección de las esencias) que trascienden lo material, dado que el acto de intelección no opera de manera orgánica ni depende de un órgano físico.

4. CUARTA CUESTIÓN: Si es necesario admitir que existe un entendimiento agente

> Santo Tomás expone nueve argumentos de diversos autores, según los cuales parece no ser necesario afirmar la existencia de un entendimiento o intelecto agente

1-Lo que puede hacerse por un único medio en la naturaleza no debe hacerse por varios. El ser humano puede entender adecuadamente a través de un único intelecto, que es el intelecto posible. Por lo tanto, no es necesario postular un intelecto agente.

Si el intelecto posible es suficiente para el entendimiento humano, entonces no hay necesidad de suponer un intelecto agente. Esto implica que cada potencia del alma puede operar de manera autónoma sin requerir de otro agente externo para completar su función.

2-El sentido del tacto y la vista son diferentes potencias, pero pueden influirse mutuamente. Por ejemplo, una persona ciega puede imaginar algo que no ha visto, basándose en su sentido del tacto. Esto muestra que ambas potencias están conectadas a la misma esencia del alma. Por lo tanto, si el intelecto posible es una potencia del alma, la imaginación también puede influir en el intelecto. Así, no se requiere un intelecto agente.

Este argumento subraya la interconexión de las potencias del alma, sugiriendo que el intelecto posible puede recibir influencias de la imaginación sin necesidad de un intelecto agente que medie.

3-El intelecto agente se postula para convertir entendibles en potencia en entendibles en acto. Sin embargo, el intelecto posible puede recibir ideas sin la necesidad de un intelecto agente, ya que tiene la capacidad de recibir en función de su naturaleza inmaterial. Por lo tanto, no hay necesidad de un intelecto agente.

El intelecto posible, al ser inmaterial, puede recibir conocimiento sin requerir la intervención de un intelecto agente, lo que refuerza la idea de que no es necesario postularlo.

4-Aristóteles compara el intelecto agente con la luz. La luz no es esencial para ver, a menos que haga que el medio (como el aire) sea visible. De la misma manera, el intelecto agente no es necesario para que el intelecto posible esté preparado para recibir conocimiento, porque este último ya tiene la capacidad de hacerlo.

Aquí, se argumenta que el intelecto posible posee de forma innata la capacidad para entender, similar a cómo los colores son visibles sin la necesidad de un agente que ilumine.

5-Así como el intelecto se relaciona con las cosas inteligibles, los sentidos se relacionan con las cosas sensibles. Los objetos sensibles pueden mover los sentidos sin necesidad de un agente externo. Por lo tanto, los entendibles no necesitan la intervención de un intelecto agente.

Se establece un paralelismo entre las potencias sensoriales y las intelectuales, indicando que ambas operan de manera independiente y no requieren de un agente externo para funcionar.

6-Para que algo en potencia se convierta en acto, basta con que haya algo en acto de la misma naturaleza. Para que el intelecto en potencia se convierta en acto, solo se necesita un intelecto en acto, que puede ser el mismo que entiende.

Este argumento enfatiza que el proceso de adquirir conocimiento puede lograrse a través de experiencias directas o de enseñanza, eliminando la necesidad de un intelecto agente que lo facilite.

7-El intelecto agente se propone para iluminar nuestras imágenes mentales, como la luz solar ilumina los colores. Sin embargo, la luz divina es suficiente para iluminar nuestro entendimiento, por lo que no es necesario postular un intelecto agente.

Aquí se destaca que el conocimiento y el entendimiento pueden provenir de una fuente superior (la luz divina) y no requieren de un intelecto agente para ser iluminados.

8-Si existen dos tipos de intelecto, el agente y el posible, esto implicaría que una misma persona tendría dos formas de entender, lo cual parece inconveniente.

Tener dos intelectos que funcionan de manera separada dentro de una misma persona complicaría la comprensión y sería poco práctico.

9-La especie inteligible se considera una perfección del intelecto. Si hay un intelecto agente y un intelecto posible, habría una duplicidad en la perfección del entendimiento, lo que se consideraría innecesario.

Se sugiere que la existencia de dos intelectos redundaría en un exceso de perfección, lo cual no sería necesario ni útil para la comprensión del ser humano.

A través de estos argumentos, se defiende la idea de que el intelecto posible es suficiente para llevar a cabo el proceso de comprensión o entendimiento, sin la necesidad de un intelecto agente. Se afirma que las potencias del alma pueden interactuar de manera efectiva sin la intervención de un agente externo.

> A continuación, Santo Tomás expone un argumento de autoridad según el cual es necesario afirmar la necesidad de un entendimiento o intelecto agente

Se presenta una objeción (o "sed contra") a la posición que sostiene que no es necesario postular la existencia de un intelecto agente. La referencia a Aristóteles en su obra *De Anima* se utiliza para fundamentar esta objeción.

La explicación del texto se puede desglosar de la siguiente manera:

1-Principio de la acción en la naturaleza. Aristóteles argumenta que en toda naturaleza hay dos aspectos fundamentales: lo que actúa (agente) y lo que puede ser actuado (potencial). Es decir, en cualquier proceso de cambio o en cualquier ser, siempre hay algo que provoca el cambio y algo que recibe ese cambio.

2-Aplicación a la naturaleza del alma. Al trasladar este principio a la discusión sobre el alma, se plantea que, así como en la naturaleza en general existen estos dos aspectos, en el alma humana también deben existir. Esto implica que debe haber una distinción entre el intelecto que actúa *(intellectus agens)* y el intelecto que recibe *(intellectus possibilis)*.

3-Función del intelecto agente. El intelecto agente es el que permite abstraer las especies inteligibles de las cosas sensibles. Por su parte, el intelecto posible es el que recibe esas especies y formula el concepto universal. Sin la existencia de ambos, sería difícil explicar cómo se lleva a cabo el proceso de entendimiento y conocimiento en el ser humano.

En resumen, este argumento sostiene que, siguiendo la lógica aristotélica, es esencial reconocer la existencia de un intelecto agente en el alma, ya que es necesario para el proceso de comprensión y conocimiento, en el que hay un agente que actúa y un potencial que recibe esa acción.

A continuación, Santo Tomás ofrece su propia respuesta a la Cuestión planteada

En efecto, el Doctor Angélico defiende la necesidad de postular la existencia de un intelecto agente *(intellectus agens)* para explicar cómo funciona el proceso del conocimiento. A continuación, se explican las principales ideas que desarrolla:

1-Necesidad del intelecto agente. Tomás afirma que es necesario postular un intelecto agente, ya que el intelecto posible *(intellectus possibilis)* está en potencia respecto a las ideas o conceptos que debe entender (los "inteligibles"). Esto significa que el intelecto posible puede recibir conocimiento, pero necesita ser movido por algo que ya sea inteligible.

2-Movimiento del intelecto posible. Para que el intelecto posible se mueva (es decir, comprenda algo), debe haber un objeto que lo mueva. Sin embargo, los objetos que se comprenden a través del intelecto posible no existen en la naturaleza como entidades independientes, porque el intelecto no comprende las cosas en su individualidad, sino que las entiende como universales (como una idea común que se puede aplicar a varios individuos).

3-Abstracción de la materia. Tomás argumenta que el intelecto agente realiza la tarea de abstraer las ideas de las condiciones materiales que las individualizan. Por ejemplo, la naturaleza de una especie no tiene razones intrínsecas para multiplicarse en diferentes individuos, y los principios que la individualizan son externos a su propia razón. Así, el intelecto puede captar la esencia de las cosas (es decir, lo que las hace ser lo que son) sin estar limitado por las particularidades individuales.

4-Contraste con los platónicos. Tomás menciona que, si los universales existieran por sí mismos en la realidad, como los platónicos afirmaban (a través de la Ideas o Formas), no habría necesidad de un intelecto agente. En tal caso, los objetos materiales moverían al intelecto posible directamente, sin la mediación de un intelecto que abstraiga. Sin embargo, dado que Santo Tomás no está de acuerdo con la teoría platónica de las Ideas, considera que es necesario postular la existencia del intelecto agente.

5-Conocimiento de las sustancias inmateriales. Aunque existen algunos seres que son inteligibles en sí mismos (como las sustancias inmateriales), el intelecto posible no puede acceder a ellos directamente. En cambio, llega a conocer estas realidades a través de la abstracción que realiza sobre los objetos materiales y sensibles que tiene a su alrededor.

> A continuación, Santo Tomás responde a cada uno de los nueve argumentos expuestos inicialmente, según los cuales es innecesario afirmar la necesidad de un entendimiento o intelecto agente

1-Respuesta al primer argumento. Santo Tomás señala que el intelecto humano no puede funcionar solo con el intelecto posible. Este último necesita ser activado por algo que ya es inteligible, porque no existen en la naturaleza las ideas en sí mismas. Así, debe existir un intelecto agente que produzca esos inteligibles. Aunque hay diferentes potencias en el alma, su interacción no es suficiente para entender sin la intervención del intelecto agente. Este intelecto actúa moviendo al intelecto posible de tal manera que se puedan formar ideas universales a partir de experiencias individuales.

2-Respuesta al segundo argumento. En este punto, se argumenta que la imaginación necesita previamente tener formas en la memoria para poder formar conceptos relacionados con la visión. Por ejemplo, una persona ciega de nacimiento no puede imaginar colores, ya que carece de experiencias sensoriales previas que le permitan formar la idea de un color. Esto indica que el intelecto agente es necesario para procesar y relacionar estas ideas, ya que el intelecto posible no puede actuar sin este previo conocimiento.

3-Respuesta al tercer argumento. Tomás aclara que la condición del receptor no puede transferir una forma de un tipo a otro; sin embargo, puede variar dentro del mismo tipo según cómo se manifieste. Esto significa que, dado que las especies universales y particulares son diferentes, el intelecto posible solo no es suficiente para transformar las formas particulares de la imaginación en universales. Por ello, se requiere la acción del intelecto agente para lograr esta universalización.

4-Respuesta al cuarto argumento. Aquí se discute la relación entre la luz y la visión. Algunos filósofos sostenían que la luz es necesaria para ver porque permite que los colores se hagan visibles, mientras que Aristóteles argumenta que los colores son visibles por sí mismos. Sin embargo, se concluye que la luz es esencial para hacer que un medio sea transparente y permita la visibilidad de los colores. De manera similar, el intelecto agente es necesario para que los conceptos que están en potencia se conviertan en conceptos en acto, lo que significa que es fundamental para la comprensión de las ideas.

5-Respuesta al quinto argumento. Se sostiene que un objeto sensible, al ser particular, no puede influir en la percepción de otro tipo de forma; es decir, el intelecto posible puede recibir ideas universales que no están contenidas solo en las formas particulares de la imaginación. Esta distinción resalta que el intelecto agente es esencial para la comprensión de los inteligibles, a diferencia de las capacidades sensoriales que solo manejan lo particular.

6-Respuesta al sexto argumento. Se argumenta que el intelecto posible, aunque esté en acto, no puede producir conocimiento sin el intelecto agente. En el proceso de aprender, el intelecto posible puede estar parcialmente en acto y en potencia. Sin embargo, para que el conocimiento de los principios se adquiera, se necesita la intervención del intelecto agente, que actúa como un mediador en el proceso de aprendizaje. Este intelecto permite que el conocimiento se desarrolle a partir de experiencias sensoriales.

7-Respuesta al séptimo argumento. Al igual que en el ámbito natural existen principios activos propios de cada género, también se requiere un "luz" intelectual específica en los seres humanos, además de la influencia divina que actúa como la causa general de la iluminación del entendimiento. Esto refuerza la idea de que, aunque Dios es la fuente de toda luz y conocimiento, también hay una necesidad de un intelecto agente que trabaje dentro de cada individuo.

8-Respuesta al octavo argumento. Se aclara que aunque hay dos tipos de intelecto (el posible y el agente), esto no implica que haya dos formas de entender en el ser humano. Ambas acciones—recibir inteligibles y abstraer inteligibles—deben trabajar juntas para que se produzca la comprensión. Es decir, el conocimiento ocurre cuando ambos intelectos colaboran.

9-Respuesta al noveno argumento. Se explica que la especie inteligible se relaciona tanto con el intelecto agente como con el posible, pero de maneras diferentes. Mientras que el intelecto posible recibe las formas de manera pasiva, el intelecto agente actúa activamente para crear estas formas a través del proceso de abstracción. Esto subraya la función activa del intelecto agente en la adquisición del conocimiento.

A través de estos argumentos, Santo Tomás de Aquino establece la necesidad del intelecto agente para el proceso de conocimiento, resaltando la interacción entre las potencias del alma y cómo se requiere una acción activa para transformar el conocimiento en acto.

5. QUINTA CUESTIÓN: Si existe un intelecto agente separado para todos los hombres

> Santo Tomás expone diez argumentos de diversos autores, según los cuales parece que el entendimiento agente es uno y separado

1-*El Filósofo* señala que el intelecto agente siempre está activo y no tiene momentos de inactividad, mientras que en nuestra experiencia humana, todo tiene momentos de actividad e inactividad. Esto sugiere que el intelecto agente debe ser una entidad separada, no limitada por la experiencia humana, lo que implica que debe ser único y universal.

2-Se afirma que es imposible que algo esté simultáneamente en potencia y en acto en relación a lo mismo. Dado que el intelecto posible está en potencia respecto a todos los inteligibles y el intelecto agente está en acto respecto a ellos, parece incompatible que ambos se encuentren en la misma sustancia del alma. Así, se concluye que el intelecto agente debe ser separado del intelecto posible.

3-El entendimiento posible está en potencia respecto a los inteligibles, lo que significa que no los posee todavía de manera activa. En cambio, el entendimiento agente actúa sobre esos inteligibles, haciéndolos accesibles y comprensibles. Se argumenta que el entendimiento posible no puede estar en acto con respecto a los inteligibles que ya posee, ya que si fuera así, no podría ser considerado posible, sino que sería un conocimiento ya adquirido.

El texto se relaciona con la idea de que el intelecto agente es uno y separado al subrayar la función única y activa del intelecto agente en el proceso de conocimiento. Esta unicidad es esencial para la abstracción y para permitir que el entendimiento humano acceda a ideas universales, independientemente de las particularidades de cada individuo.

4-Se menciona que *El Filósofo* le atribuye características al intelecto agente que parecen ser propias de sustancias separadas, como la perpetuidad y la incorruptibilidad. Esto sugiere que el intelecto agente es, en efecto, una sustancia separada.

5-Se argumenta que el intelecto no depende de la complexión corporal y que, a pesar de que la capacidad de entender varía entre las personas debido a diferencias corporales, esto no implica que el intelecto agente deba ser parte de nuestra constitución. Por lo tanto, el intelecto agente parece ser algo separado de nuestra naturaleza.

6-Se afirma que solo se necesita un agente y un paciente para cualquier acción. Si el intelecto posible es parte de nuestra sustancia y el intelecto agente también, parecería que tendríamos todo lo necesario para entender. Sin embargo, se establece que en realidad necesitamos de los sentidos y de la enseñanza, así como de la iluminación divina, lo que indica que el intelecto agente no puede ser solo algo que poseemos.

7-Se compara el intelecto agente con la luz, sugiriendo que, así como la luz del sol puede hacer que todo lo visible sea visible, una única luz separada podría ser suficiente para hacer que todo lo inteligible sea inteligible. Esto implicaría que no es necesario un intelecto agente en nosotros.

8-Se argumenta que el intelecto agente se asemeja al arte, y el arte es un principio separado de su objeto. Por lo tanto, se concluye que el intelecto agente también debe ser un principio separado.

9-Se sostiene que la perfección de cualquier naturaleza implica que se asemeje a su agente. Si el intelecto agente fuera parte de nuestra alma, la perfección de la misma dependería de algo dentro de ella, lo que sería absurdo, ya que significaría que el alma podría encontrar su plenitud en sí misma. Por lo tanto, el intelecto agente no puede ser algo que pertenezca a nosotros.

10-Se establece que el agente es más noble que el paciente, según se menciona en el libro III de *De Anima*. Si se concede que el intelecto posible es de algún modo separado, entonces el intelecto agente, que actúa sobre el posible, debería ser aún más separado. Esto implica que el intelecto agente no puede residir dentro de la sustancia del alma, sino que debe estar completamente fuera de ella. Esto refuerza la idea de que el intelecto agente es una entidad separada que trasciende la existencia del alma humana.

> A continuación, Santo Tomás expone dos argumentos de autoridad según los cuales el intelecto agente no es un ente separado del alma

1-Según se afirma en el libro V de *De Anima*, en toda naturaleza existe una distinción fundamental entre dos aspectos: **el pasivo** o potencial y **el activo**, que da forma y actualiza esa potencialidad. En el caso del alma, es necesario reconocer que existen estas diferencias, una de las cuales se refiere al intelecto posible (aspecto pasivo) y la otra al intelecto agente (aspecto activo). Por lo tanto, ambos, el intelecto posible y el intelecto agente, son componentes que pertenecen a la esencia del alma, y no pueden ser considerados entidades separadas. Esta distinción ayuda a entender cómo el intelecto humano pasa de la potencialidad de conocer (intelecto posible) a la actividad de comprender o entender efectivamente (intelecto agente).

2-Además, se argumenta que la operación del intelecto agente consiste en abstraer las especies inteligibles de las imágenes (o fantasmas) que tenemos en nuestra mente. Esta abstracción siempre ocurre en nosotros, y si el intelecto agente fuera una sustancia separada, no habría una razón para que esta abstracción sucediera en ocasiones y en otras no. La regularidad de esta función sugiere que el intelecto agente debe estar íntimamente relacionado con el alma y no puede ser considerado como una entidad separada.

> A continuación, Santo Tomás ofrece su propia respuesta a la Cuestión planteada

El texto presenta la argumentación de Santo Tomás sobre la naturaleza del intelecto agente y su relación con el intelecto posible, así como su posición respecto a las entidades separadas y a Dios. Lo dividimos en nueve puntos para hacerlo más comprensible. A saber:

1-Naturaleza del intelecto agente y posible. Santo Tomás sostiene que el intelecto agente es **más adecuado** para ser considerado una entidad separada que el intelecto posible. El intelecto posible se manifiesta en dos estados: a veces en potencia y otras en acto. En contraste, el intelecto agente es el que hace que seamos realmente entendidos, es decir, el que realiza la acción de entender.

Santo Tomás considera que el intelecto agente es **más adecuado** para ser considerado una entidad separada debido a su naturaleza activa y universal, que le permite operar de forma independiente de las limitaciones materiales y particulares del intelecto posible, que está íntimamente ligado a la esencia del ser humano y a sus experiencias sensoriales. Esta distinción resalta la complejidad del entendimiento humano y su relación con principios más elevados o universales de conocimiento.

2-Diferenciación entre actos y potencias. El intelecto agente, al ser un principio activo, puede estar separado de lo que lleva a la acción, mientras que el intelecto posible, que es una capacidad interna del ser humano para entender, debe ser intrínseco a la esencia del ser.

Actos: Se refiere a la realización efectiva de una acción o el estado de ser en el que una entidad opera de manera activa. En este contexto, el intelecto agente es un principio activo que realiza la acción de abstraer.

Potencias: En contraste, la potencia se refiere a la capacidad o posibilidad de llevar a cabo una acción. En el caso del intelecto posible, éste se define como la capacidad interna del ser humano para entender, es decir, su potencial para recibir y procesar información.

El intelecto agente se considera un principio activo porque es responsable de la realización de actos intelectuales. Puede estar "separado de lo que lleva a la acción", lo que implica que el intelecto agente puede operar de manera independiente o abstracta respecto a las imágenes y experiencias sensoriales. Esto significa que puede abstraer ideas y conceptos sin necesidad de estar inmediatamente conectado a los datos sensoriales específicos. Esta capacidad de abstraer sugiere una forma de independencia y un nivel superior de actividad intelectual.$_2$

Por otro lado, el intelecto posible se define como una capacidad interna que pertenece intrínsecamente a la esencia del ser humano. Esto implica que el intelecto posible está íntimamente ligado a la naturaleza misma del ser humano; no puede ser separado de él sin perder su esencia. Es el aspecto de la mente que recibe y comprende las ideas, las cuales se presentan a través de las experiencias sensoriales y las imágenes mentales (fantasmas).

La diferenciación entre estos dos tipos de intelecto subraya la complejidad del proceso cognitivo humano. Mientras que el intelecto agente tiene la capacidad de operar de manera más abstracta y activa, el intelecto posible está limitado a ser una capacidad pasiva que necesita la información sensorial para su funcionamiento. Ambos son esenciales para el entendimiento, pero tienen roles diferentes en la dinámica del conocimiento.

El intelecto agente puede actuar de manera independiente y tiene un carácter activo en la generación de conocimiento, mientras que el intelecto posible es una capacidad interna y esencial que requiere estar presente en el ser humano para permitir la comprensión. Esta distinción es fundamental para entender cómo funciona la mente humana según la filosofía de Santo Tomás de Aquino.

3-Concepto de inteligencias y entidades separadas. Algunos filósofos sostienen que el intelecto agente es una sustancia separada, a la que denominan "inteligencia". Esta inteligencia se relaciona con las almas humanas de manera similar a como las sustancias superiores se relacionan con las almas de los cuerpos celestiales.

4-La relación entre Dios y el intelecto agente. La fe católica enseña que Dios es el único que actúa en nuestras almas y no alguna otra sustancia separada. Algunos han argumentado que el intelecto agente podría ser Dios, la "luz verdadera" que ilumina a todos los hombres. Sin embargo, Santo Tomás considera que esta posición no es adecuada.

5-Principios activos universales y particulares. Al igual que los cuerpos celestiales son principios activos universales para los cuerpos inferiores, se requiere un principio activo particular para las operaciones de los seres vivos, que en el caso del ser humano es el intelecto agente.

El texto se refiere a la relación entre los principios activos en el contexto de la filosofía tomista, especialmente en lo que respecta a los cuerpos celestiales, los cuerpos inferiores y la operación del intelecto humano.

Santo Tomás establece que los cuerpos celestiales (como las estrellas y planetas) actúan como principios activos universales. Esto significa que tienen un impacto general sobre todos los cuerpos inferiores, como los que existen en la Tierra. Su influencia se puede ver en fenómenos naturales como el clima, las mareas y otros aspectos del mundo físico. Estos principios son "universales" porque afectan a una gran cantidad de entidades o fenómenos sin discriminar entre ellos.

Por otro lado, en el ámbito de los seres vivos, se requiere un principio activo particular que influya en las operaciones específicas de cada uno. A diferencia de los principios universales, que tienen un efecto general, los principios activos particulares son aquellos que se aplican a situaciones o entidades concretas. En el caso del ser humano, este principio activo particular es el "intelecto agente".

El intelecto agente es una capacidad del ser humano que permite la abstracción y la comprensión de las ideas. Es el aspecto de nuestra mente que toma las imágenes y experiencias sensoriales y las transforma en conocimiento. A diferencia de los principios activos universales que afectan a todos los cuerpos por igual, el intelecto agente actúa en un nivel individual, permitiendo a cada ser humano realizar actos de conocimiento y entendimiento específicos.

La distinción entre principios activos universales y particulares resalta la complejidad de la acción y el conocimiento. Mientras que los cuerpos celestiales influyen en el mundo de manera general, el intelecto agente es esencial para las actividades intelectuales y el desarrollo del conocimiento humano. Este principio particular es fundamental para la naturaleza del ser humano, ya que nos permite no solo recibir información del mundo exterior, sino también procesarla y entenderla de manera activa.

6-Implicaciones de un intelecto agente separado. Si se sostiene que el intelecto agente es una entidad separada de Dios, esto implicaría que la última perfección y felicidad del ser humano dependería de su unión con algo que no es Dios, lo cual contradice la enseñanza evangélica sobre la vida eterna como el conocimiento de Dios.

7-La dificultad de un intelecto agente separado. Santo Tomás también argumenta que es imposible que el intelecto agente sea una sustancia separada por las mismas razones que se aplican al intelecto posible. Las operaciones del intelecto agente (abstracción) y del intelecto posible (recepción de lo inteligible) son experimentadas en nosotros. Cada operación requiere un principio formal intrínseco que no puede ser simplemente externo.

8-Interacción de potencia y acto. En la naturaleza humana, las imágenes mentales (fantasmas) pueden ser vistas como estando en potencia respecto a las entidades que representan, mientras que están en acto en cuanto son similitudes de cosas determinadas. El intelecto posible está en potencia para todos los inteligibles, pero se determina a entender a través de las especies abstractas.

9-Actividad del intelecto agente. El intelecto agente se presenta como una virtud activa que abstrae las imágenes de sus condiciones materiales, similar a una luz que permite que los colores sean visibles. La idea de que el intelecto agente es un simple hábito de principios indemostrables es refutada, ya que también abstraemos estas verdades a partir de lo singular, indicando que el intelecto agente debe existir como causa de los principios.

Santo Tomás argumenta que tanto el intelecto posible como el agente son esenciales para la naturaleza del entendimiento humano, y que ambos residen dentro del alma, en lugar de ser entidades separadas, ya que esto llevaría a confusiones teológicas y filosóficas que contradicen la fe católica.

> A continuación, Santo Tomás responde a cada uno de los diez argumentos expuestos inicialmente, que consideraban al intelecto agente como una entidad separada

1-Respuesta al primer argumento. Santo Tomás aclara que la afirmación de *El Filósofo* sobre el intelecto agente y el intelecto en acto no se aplica al intelecto agente, sino al intelecto en acto. Explica que, según Aristóteles, es necesario distinguir entre el intelecto posible y el intelecto en acto. El intelecto posible y el objeto que se entiende no son lo mismo, mientras que el intelecto en acto es idéntico al objeto entendido en acto. También señala que, aunque el intelecto posible puede entender a veces y otras no, el intelecto en acto siempre está en un estado de comprensión.

2-Respuesta al segundo argumento. Se indica que la sustancia del alma está en potencia y en acto respecto a los mismos fantasmas (imágenes mentales), pero no de la misma manera. Esto sugiere que el intelecto agente actúa de manera diferente respecto a las imágenes que el intelecto posible.

3-Respuesta al tercer argumento. El intelecto posible está en potencia respecto a lo entendible, según su existencia en los fantasmas. En contraste, el intelecto agente actúa respecto a estos inteligibles, pero de una manera diferente, como se ha mostrado anteriormente.

4-Respuesta al cuarto argumento. Se aclara que las afirmaciones de *El Filósofo* sobre lo que es separado e inmortal no se refieren al intelecto agente, ya que se había mencionado anteriormente que el intelecto posible también es separado. Estas afirmaciones deben entenderse en el contexto del intelecto en acto, que abarca tanto el intelecto agente como el posible. En este sentido, solo el intelecto que abarca ambos aspectos es separado, inmortal y perpetuo, ya que las demás partes del alma no existen sin el cuerpo.

5-Respuesta al quinto argumento. La diversidad de las complexiones causa una variación en la capacidad de entender, lo que depende de las potencias que el intelecto utiliza, como la imaginación y la memoria, que requieren de órganos corporales.

6-Respuesta al sexto argumento. Aunque en el alma humana hay un intelecto agente y uno posible, se requiere algo externo para poder entender. Es necesario que existan fantasmas derivados de las experiencias sensoriales, que representan las similitudes de las cosas al intelecto. El intelecto agente no es suficiente por sí solo para captar las especies determinadas sin la ayuda de elementos externos que lo guíen. Además, se sostiene que si consideramos el intelecto agente como una virtud compartida en nuestras almas, se necesita una causa externa de la cual esa luz pueda derivarse, y esta causa se identifica como Dios, que proporciona un entendimiento adicional que trasciende la razón natural.

7-Respuesta al séptimo argumento. Los colores que mueven la vista son externos, mientras que los fantasmas que activan el intelecto posible son intrínsecos al ser humano. Por eso, aunque la luz solar es suficiente para hacer visibles los colores, para que los fantasmas sean inteligibles en acto se necesita la luz interior del intelecto agente. Además, se argumenta que la parte intelectual del alma es más perfecta que la sensible, lo que justifica la necesidad de contar con principios más completos para su operación.

8-Respuesta al octavo argumento. Santo Tomás reconoce que hay una cierta similitud entre el intelecto agente y el arte, pero aclara que esta comparación no debe extenderse a todos los aspectos.

9-Respuesta al noveno argumento. El intelecto agente, por sí solo, no puede llevar el intelecto posible a un estado de perfección completa, ya que no contiene las formas específicas de todas las cosas. Por lo tanto, se requiere que el intelecto posible se una a algo que tenga las formas de todas las cosas, y esta fuente última es Dios.

10-Respuesta al décimo argumento. Finalmente, se establece que el intelecto agente es más noble que el intelecto posible, así como la virtud activa es más noble que la pasiva. Esta separación se justifica por la mayor distancia del intelecto agente en relación a la materia; sin embargo, esto no significa que sea una sustancia completamente separada.

6. SEXTA CUESTIÓN: Si el alma está compuesta de materia y forma

> Santo Tomás expone diecisiete argumentos de diferentes autores, según los cuales parece que el alma está compuesta de materia y forma

1-Argumento de Boecio sobre la simplicidad y el ser sujeto. Según Boecio en el *Libro sobre la Trinidad*, una forma simple no puede ser un sujeto. Dado que el alma es sujeto de ciencias y virtudes, no puede ser una forma simple; por tanto, debería ser compuesta de materia y forma.

2-Participación y no participación en el ser. Boecio en el *Libro de las Hebdómadas* establece que aquello que "es" puede participar de algo, pero el ser en sí mismo no participa. Como el alma participa de cualidades que la informan, no puede ser solo una forma, sino que debería tener materia.

3-Acto y potencia en el ser del alma. El alma se considera en la filosofía como "forma", lo que significa que es el principio que le da vida y actividad a un ser. Sin embargo, si el alma fuera solo "forma", no podría existir por sí misma, porque estaría en un estado de potencialidad, lo que significa que le faltaría algo para realizar su existencia plenamente. En este contexto, se dice que cada tipo de potencialidad corresponde a un único acto; por lo tanto, si el alma solo fuera forma, no podría ser el sujeto de otra acción o sustancia.

A pesar de esto, es evidente que el alma actúa como un sujeto, lo que significa que puede realizar acciones y ser influenciada por su entorno. Esto sugiere que el alma no es una sustancia simple; más bien, es una combinación de materia y forma. Esta combinación permite al alma interactuar con el mundo y recibir influencias externas. En resumen, el alma es una entidad compuesta que puede actuar y también ser afectada por lo que la rodea.

4-Accidentes específicos e individuales. Los accidentes materiales corresponden a individuos, mientras que los accidentes formales corresponden a especies completas. Como el alma tiene accidentes individuales (como la habilidad musical), no puede ser solo forma y debería estar compuesta de materia y forma.

5-Principio de acción y pasión. La forma es principio de acción, y la materia de la pasividad. Puesto que en el alma existe tanto acción como pasión (por ejemplo, en el entendimiento pasivo y activo), debe estar compuesta de materia y forma.

6-Propiedades de la materia en el alma. Características como estar en potencia, recibir o subyacer son propiedades materiales, que también se observan en el alma. Esto sugiere que el alma tiene materia.

7-Agentes y pacientes comunes. Según la filosofía antigua, los agentes y pacientes deben compartir una materia común. Como el alma puede sufrir de cosas materiales (como el fuego del infierno según San Agustín), debe tener algo de materia.

8-La acción divina sobre el alma. Toda acción termina en un compuesto de materia y forma, como sostiene Aristóteles en la *Metafísica*. Si Dios actúa sobre el alma, entonces el alma debe ser un compuesto de materia y forma.

9-Dependencia del alma en Dios para ser y unidad. Algo que es solo forma sería automáticamente un ser y una unidad en sí misma. Sin embargo, el alma requiere de Dios para ser y para su unidad, lo cual indicaría una composición de materia y forma.

10-Reducción de potencia a acto. Todo aquello que pasa de potencia a acto tiene que estar compuesto de materia y forma. Como el alma necesita una causa eficiente que la lleve de potencia a acto, debe tener materia.

11-Referencia a Alejandro de Afrodisias sobre el intelecto. Este texto se refiere a la interpretación de Alejandro de Afrodisias sobre la naturaleza del intelecto en el alma. Alejandro, un filósofo peripatético que sigue las enseñanzas de Aristóteles, introduce la idea del "intelecto hylemórfico" para explicar cómo funciona el intelecto humano. La palabra "hylemórfico" combina dos términos griegos: *hylé* (materia) y *morphé* (forma). Así, el concepto de "intelecto hylemórfico" implica que el intelecto tiene un aspecto de "materia primera".

En la filosofía aristotélica, la materia primera es el substrato potencial de todas las formas y carece de características propias hasta que una forma la actualiza. Al aplicar esto al intelecto, Alejandro sugiere que el intelecto tiene una capacidad receptiva, como si fuera "materia" en el sentido de ser pasivo y capaz de recibir formas de conocimiento.

Si el intelecto es hylemórfico, entonces, según Alejandro, en el alma hay una especie de "materia" en sentido filosófico. Esto no significa que el alma esté hecha de materia física, sino que tiene una disposición para recibir conocimientos y conceptos, como una "potencia" que se actualiza cuando adquiere formas intelectuales (ideas).

La referencia a Alejandro sugiere que el alma no es una forma pura e inmutable, sino que tiene una potencialidad similar a la materia. Esto implicaría una cierta "composición" en el alma, ya que se considera en parte pasiva y potencial, una característica generalmente asociada a la materia en la filosofía aristotélica.

12-Composición de potencia y acto en el alma. Todo ser o es acto puro, potencia pura o un compuesto de ambos. Dado que el alma no es acto puro (exclusivo de Dios) ni potencia pura (propia de la materia), debe ser un compuesto de acto y potencia.

13-Individuación y materia. La individuación depende de la materia. Como el alma es individuada, debe poseer algún tipo de materia.

14-Sufrimiento del alma por sensibilidades. Dado que el alma experimenta pasiones a partir de cosas sensibles y materiales, parece tener algo en común con lo material, lo cual indica una composición material.

15-Clasificación del alma como especie. Como los ángeles, el alma es considerada una especie dentro de un género. Esto implica una composición de materia y forma, pues el género actúa como materia y la diferencia específica como forma.

16-Diversificación de formas comunes por materia. La intelectualidad es una forma común en almas y ángeles. Para que esta forma común se distribuya en muchos individuos, debe haber una materia divisoria en cada caso.

17-Movimiento y materia en el alma. Todo lo que es capaz de movimiento tiene materia. San Agustín afirma que el alma está sujeta al cambio, por lo cual no puede ser naturaleza divina y debe ser compuesta de materia y forma.

Cada uno de estos argumentos trata de apoyar la idea de que el alma humana tiene una estructura compuesta de materia y forma, y cuestiona la noción de que sea una forma simple y separada.

> A continuación, Santo Tomás expone un argumento de autoridad que objeta la idea de que el alma esté compuesta de materia y forma

La argumentación se desarrolla así:

1-Premisa inicial. Todo compuesto de materia y forma tiene una forma. Esto significa que, si algo se compone de materia y forma, esa combinación necesita una forma específica que le confiera su identidad.

2-Hipótesis. Si el alma está compuesta de materia y forma, entonces debe tener una forma adicional que le dé su configuración particular.

3-Problema planteado. Sin embargo, el alma misma es ya considerada una forma, no algo que necesita una forma adicional. En la filosofía escolástica, la forma es el principio que da vida y configura a los seres. Si el alma (que es una forma) necesitara otra forma, esto llevaría a una paradoja, porque entonces cada forma necesitaría otra forma que la configure, y así sucesivamente.

4-Conclusión. Este razonamiento llevaría a una regresión infinita *(ire in infinitum)*, algo considerado problemático e imposible en la filosofía escolástica. Por lo tanto, si aceptamos que el alma es una forma, no podemos sostener que sea un compuesto de materia y forma sin caer en contradicciones lógicas.

La objeción concluye que el alma no puede ser compuesta de materia y forma, ya que sería incoherente darle una forma adicional a lo que ya es en sí mismo una forma.

> A continuación, Santo Tomás ofrece su propia respuesta a la Cuestión planteada

El Doctor Angélico rechaza la idea de que el alma esté compuesta de materia y forma, una opinión que había sido defendida por filósofos como Avicebrón.

Comienza mencionando que existen diversas opiniones sobre esta cuestión. Algunos piensan que todas las sustancias, excepto Dios, están compuestas de materia y forma, siguiendo el pensamiento de Avicebrón, autor del *Fons Vitae*.

Avicebrón argumenta que cualquier entidad que posea las propiedades de la materia (como la capacidad de recibir y ser sujeto de algo) debe contener materia. Como el alma tiene propiedades similares a las de la materia —es receptiva y potencial—, Avicebrón deduce que también debe estar compuesta de materia. Sin embargo, Santo Tomás considera esta idea frívola e imposible.

Crítica de Santo Tomás

1-Diferencias en la forma de recibir. Santo Tomás explica que el hecho de "recibir" o "padecer" es diferente en el alma y en la materia. La materia primera (materia sin forma) recibe con un cambio o movimiento; sin embargo, el alma recibe conocimiento sin cambiar físicamente, es decir, sin movimiento.

2-La naturaleza inmaterial del alma: La materia está presente solo en los seres corporales, ya que estos tienen una ubicación física. En cambio, el alma recibe sin transformación física, como menciona Aristóteles en *De Anima*, donde la recepción del conocimiento ocurre sin padecer como los cuerpos físicos.

3-Inconsistencia en la composición del alma. Para Santo Tomás, si el alma estuviera compuesta de materia y forma, se crearía una especie separada en la naturaleza, independiente del cuerpo. Pero esto contradice la doctrina aristotélica de que el cuerpo y el alma forman juntos la especie humana, ya que el cuerpo es parte esencial de esta especie.

4-Incompatibilidad de la unión con el cuerpo. Si el alma fuera una composición de materia y forma, no podría ser el principio formal que da existencia al cuerpo; solo una parte del alma lo sería. Así, no sería la forma completa del cuerpo, lo cual resulta contradictorio, pues el alma es lo que da vida y forma al cuerpo.

Santo Tomás también rechaza algunas teorías que proponían ideas complejas o místicas para explicar cómo el alma se une al cuerpo. En su época, existían filósofos y pensadores que consideraban que la conexión entre el alma y el cuerpo ocurría a través de una especie de "luz" o fuerza intermediaria, algunas veces llamada "luz cósmica". Según esta teoría, las distintas clases de almas (la vegetativa, la sensitiva y la racional) se unirían al cuerpo mediante diferentes formas de esta "luz" o energía.

Santo Tomás considera que estas ideas son "fantásticas" porque, para él, complican innecesariamente el proceso de unión entre el alma y el cuerpo.

Según su pensamiento, no es necesario imaginar una "luz" o intermediario cósmico para explicar esta relación.

En lugar de recurrir a la idea de una luz externa, Santo Tomás argumenta que el alma se une al cuerpo directamente y de manera natural, como el acto a la potencia.

Santo Tomás aborda la composición del alma en términos de acto y potencia. Así explica cómo el alma puede ser una entidad independiente y activa sin necesidad de una composición material.

A diferencia de los entes materiales que están compuestos de materia y forma, el alma es una "forma subsistente". Esto significa que, aunque el alma no tiene materia, existe de forma independiente y es capaz de subsistir sin el cuerpo.

En el alma humana, Santo Tomás encuentra otro tipo de composición: la de esencia *(essentia)* y acto de ser o existir *(esse o actus essendi)*

La esencia del alma es "lo que el alma es", su naturaleza o su "qué". El *esse* es el acto de existir, el "ser" en sí mismo que hace que el alma esté realmente en acto.

Santo Tomás dice que en el alma humana, la esencia actúa como potencia respecto al *esse,* que actúa como acto. Esto significa que la esencia del alma, por sí sola, tiene la capacidad de existir, pero solo se convierte en un ser real existente y, por tal completo, cuando el *esse* le da acto, es decir, cuando la esencia recibe el acto de ser o existir.

Para Santo Tomás, esta estructura de acto y potencia en el alma le permite explicar cómo el alma humana puede existir sin depender de un cuerpo. Al ser una forma subsistente, el alma tiene una "potencia" o capacidad (su esencia) que, al unirse con el *esse*, la completa, dándole existencia y realidad.

El alma es una forma subsistente, que puede tener composición de acto y potencia (esencia y existir), pero no de materia y forma. La composición de acto y potencia se presenta en todas las cosas creadas, donde la esencia (potencia) recibe el acto de ser. Sin embargo, la composición de materia y forma queda restringida a los seres materiales.

> A continuación, Santo Tomás responde a cada uno de los diecisiete argumentos expuestos inicialmente, que consideraban al alma compuesta de materia y forma

1-Rechazo de la idea de Boecio. Santo Tomás argumenta que Boecio habla de una forma que es completamente simple, refiriéndose a la esencia divina, la cual es un acto puro y no puede ser sujeto (o recibir) porque no tiene nada de potencialidad.

2-Formas subsistentes. A diferencia de la esencia divina, otras formas simples como los ángeles y el alma son subsistentes y pueden ser sujetas, ya que tienen algo de potencia. Esto significa que pueden recibir y actuar en función de su potencialidad.

3-Comparación de esencia y formas. Aquí, Santo Tomás señala que una forma no solo se compara al acto de ser *(esse)* como potencia a acto, sino que también puede compararse con otra forma como potencia a acto (por ejemplo, la diafanidad con la luz).

Si la diafanidad existiera como forma separada, podría recibir no solo el acto de ser, sino también la luz. Esto aplica también a las formas subsistentes como ángeles y almas, que son capaces de recibir tanto el acto de ser como otras perfecciones.

Cuanto más perfectas son estas formas subsistentes, menos necesitan participar de otras formas para alcanzar su perfección, ya que poseen más perfección en su propia naturaleza.

4-Individualidad del alma. Santo Tomás aclara que las almas humanas son formas individuales dentro de cuerpos. Por lo tanto, pueden tener propiedades accidentales según su individualidad, aunque no se apliquen a toda la especie.

5-Pasión en el alma. La pasión atribuida al intelecto posible no es del mismo tipo que la pasión en la materia. Santo Tomás distingue la recepción en el intelecto, que es inmaterial, de la acción natural, que implica la impresión de formas en la materia.

Esto implica que la acción y la pasión en el alma no llevan a la conclusión de que el alma sea una composición de materia y forma.

6-Recibir y subyacer. Los términos como "recibir" y "subyacer" se aplican al alma de manera diferente que a la materia prima. Esto sugiere que no es correcto asumir que las propiedades de la materia también se aplican al alma.

7-Sufrimiento del alma. Aunque el infierno (que es material) afecta al alma, no lo hace de forma material. El sufrimiento que el alma experimenta es espiritual y se relaciona con la justicia divina.

8-Acción generadora vs. Acción creadora. La acción de generar se limita a compuestos de materia y forma, mientras que la acción creadora no está restringida por la materia.

9-Causas de las formas subsistentes. Las formas subsistentes no necesitan una causa formal para ser unidas en unidad y existencia, ya que son formas por sí mismas. Sin embargo, necesitan una causa externa que les dé existencia.

10-Agente en movimiento. Un agente en movimiento convierte algo de potencia en acto. Un agente sin movimiento no convierte de potencia a acto, sino que le da existencia a lo que por naturaleza está en potencia a ser.

11-Intelecto hylemórfico. O entendimiento (intelecto) posible. Algunos lo llaman entendimiento material. Este tipo de intelecto no es material, sino que tiene similitudes con la materia, ya que está en potencia respecto a formas inteligibles como la materia lo está respecto a formas sensibles.

12-Composición del alma. Aunque el alma no es ni acto puro ni potencia pura, esto no implica que sea una combinación de materia y forma.

13-Individuación del alma. El alma no se individua por la materia de la que está hecha, sino por su relación con la materia en la que se encuentra.

14-Sentido y conexión. El alma sensitiva no sufre por los sensibles, sino por su conexión con ellos. Sentir es un tipo de sufrimiento que no se refiere solo al alma, sino también al órgano animado.

15-Categoría del alma. El alma no se clasifica dentro de un género de manera estricta como una especie, sino que es una parte de la especie humana, lo que implica que no es una composición de materia y forma.

16-Inteligibilidad y diversidad. La inteligibilidad no se distribuye como una forma de especie entre muchos, ya que es espiritual e inmaterial. Se diversifica según las formas, ya sea en especies diferentes o simplemente en diferentes individuos.

17-Mutabilidad del alma y los ángeles. Tanto el alma como los ángeles son considerados espíritus mutables, ya que pueden cambiar según su elección. Sin embargo, esta mutación se refiere a cambios en sus operaciones, no en su esencia, que es inmaterial y no depende de la materia para cambiar.

7. SÉPTIMA CUESTIÓN: Si el ángel y el alma son de especies diferentes

> Santo Tomás expone diecinueve argumentos de distintos autores, según los cuales parece que el ángel y el alma no difieren específicamente

1-Se argumenta que las entidades que tienen la misma operación natural son de la misma especie. Dado que tanto el alma como los ángeles realizan la misma operación, que es el entender, se concluye que son de la misma especie.

2-Se menciona que el entender del alma es mediante el discurso, mientras que el del ángel es sin discurso, sugiriendo que no es la misma operación. Sin embargo, se responde que diferentes tipos de operación no necesariamente implican diferentes potencias. Se puede entender algunas cosas sin discurso (como los Primeros Principios) y otras con discurso (como las conclusiones). Por lo tanto, no se diferencian en especie.

3-Se compara el entender con y sin discurso con el movimiento y la quietud, argumentando que el discurso es un tipo de movimiento del entendimiento. No obstante, ser en movimiento y ser en quietud no diferencian en especie, por lo que tampoco lo hacen las formas de entender.

4-Se señala que los ángeles entienden las cosas en la palabra, de la misma manera que lo hacen las almas de los bienaventurados, y que este conocimiento es sin discurso. Por tanto, no hay diferencia entre el alma y el ángel en cuanto a cómo entienden.

5-Se plantea que no todos los ángeles son de la misma especie, aunque todos entienden sin discurso. Esto sugiere que el modo de entender (con o sin discurso) no causa una diferencia de especie en las entidades intelectuales.

6-Se menciona la posibilidad de que algunos ángeles entiendan mejor que otros. Sin embargo, se responde que el entender mejor o peor no implica una diferencia de especie, ya que solo refleja un grado de perfección en el entendimiento.

7-Se observa que todas las almas humanas son de la misma especie, aunque no todas entienden de igual manera. Por lo tanto, la capacidad de entender con mayor o menor perfección no implica una diferencia de especie en las entidades intelectuales.

8-Se argumenta que el alma humana entiende mediante el discurso, considerando causas y efectos, y que los ángeles también lo hacen. Por lo tanto, no hay una diferencia de entender entre ellos.

9-Se establece que aquellos que son perfeccionados por las mismas perfecciones son de la misma especie. Dado que ángeles y almas son perfeccionados por la gracia, la gloria y la caridad, se concluye que son de la misma especie.

10-Se sugiere que las entidades que comparten el mismo fin son de la misma especie. Como ángeles y almas buscan la misma beatitud eterna, se concluye que son de la misma especie.

11-Se indica que si ángeles y almas fueran de especies diferentes, entonces el ángel debería estar en un orden superior al alma. Sin embargo, se afirma que no hay intermediarios entre la mente humana y Dios, por lo que no pueden diferir en especie.

12-Se plantea que la impresión de la misma imagen no causa una diferencia de especie. Al ser tanto el ángel como el alma imagen de Dios, no pueden diferir en especie.

13-Se dice que si ángel y alma tienen la misma definición, entonces son de la misma especie. Se cita a Damasceno, quien define al ángel como una sustancia incorpórea con características que también se aplican al alma humana, por lo que ambas son de la misma especie.

14-Se argumenta que aquellos que coinciden en la última diferencia son de la misma especie, ya que esta diferencia es lo que constituye la especie. Como ángeles y almas comparten la naturaleza de ser seres intelectuales, no difieren en especie.

15-Se menciona que aquellos que no están en una especie no pueden diferir en especie. Dado que el alma no está en una especie sino que forma parte de una especie (unida al cuerpo, forma la especie humana), no puede diferir del ángel.

16-Este argumento sostiene que la definición es un atributo esencial de las especies. Según la filosofía aristotélica, la definición de una especie debe incluir tanto el género como la diferencia específica que caracteriza a los miembros de esa especie. Sin embargo, tanto los ángeles como las almas son considerados simples, es decir, no están compuestos de materia y forma. Esta simplicidad implica que no pueden ser definidos en términos de una composición que permita identificar un género y una diferencia específica.

Dado que no pueden ser definidos de esta manera, el argumento concluye que no pueden diferir en especie. En otras palabras, si no hay una base definitoria que permita establecer diferencias claras entre los ángeles y las almas, se debe concluir que pertenecen a la misma especie en un sentido más amplio, ya que comparten la misma naturaleza de ser entidades intelectuales y simples. Esto refuerza la idea de que, a pesar de las diferencias en sus funciones o propiedades, la esencia subyacente de ambos es común, lo que implica que no pueden ser considerados como especies diferentes.

17-Este argumento se basa en la clasificación de las especies según la lógica aristotélica, que establece que cada especie está constituida por un género (la categoría general a la que pertenece) y una diferencia específica (la característica que distingue a los miembros de esa especie de los de otras especies dentro del mismo género).

En el caso de los ángeles y las almas, el argumento sostiene que no hay un fundamento o base distinta sobre la que se puedan establecer estos términos de género y diferencia. Esto significa que, dado que tanto los ángeles como las almas son considerados simples e inmateriales, su esencia no se puede analizar o dividir en géneros y diferencias de la manera en que se hace con otros seres compuestos (como los seres materiales, compuestos de materia y forma).

Como no se puede identificar un género y una diferencia específica que diferencie a los ángeles de las almas, se concluye que no pueden ser clasificados como especies diferentes. En otras palabras, ambos comparten una naturaleza común que les impide ser considerados como distintas especies, ya que la falta de una base sobre la que construir esa clasificación lleva a la conclusión de que pertenecen a la misma especie.

18-Este argumento se centra en la idea de que, según la filosofía aristotélica, las entidades que difieren en especie lo hacen a través de diferencias contrarias, es decir, características opuestas que permiten distinguir claramente entre una especie y otra. Por ejemplo, en el caso de los seres materiales, las diferencias contrarias pueden incluir cualidades como "caliente" y "frío" o "húmedo" y "seco".

En el contexto de las entidades inmateriales, como los ángeles y las almas, el argumento sostiene que no existe contrariedad. Esto se debe a que estas entidades no tienen propiedades materiales que puedan ser opuestas entre sí, como ocurre en el mundo físico. La contrariedad, al ser un principio fundamental en la clasificación de especies en la filosofía, implica que para que dos entidades sean consideradas de diferentes especies, deben presentar características que se opongan mutuamente.

Dado que los ángeles y las almas son considerados simples e inmateriales, carecen de las propiedades necesarias para establecer diferencias contrarias. Por lo tanto, el argumento concluye que, al no haber contrariedades entre ellos, los ángeles y las almas no pueden diferir en especie. En resumen, la falta de diferencias opuestas en su naturaleza significa que pertenecen a la misma categoría o especie, ya que no pueden ser clasificadas según las distinciones que se aplican a las entidades materiales.

19-Se sugiere que los ángeles y las almas parecen diferir principalmente en que el ángel no se une al cuerpo y el alma sí. No obstante, se aclara que el cuerpo se considera materia para el alma, y la materia no define la especie de la forma. Por tanto, de ninguna manera ángeles y almas difieren en especie.

> A continuación, Santo Tomás expone un argumento de autoridad según el cual el ángel y el alma difieren específicamente

El argumento se centra en la relación entre la diferencia en especie y en número, particularmente en el contexto de los ángeles y las almas.

El texto comienza afirmando que las cosas que no difieren en especie, sino solo en número, no pueden diferir a menos que haya una distinción basada en la materia. Esto significa que, si dos entes son de la misma especie, la única forma en que pueden ser considerados distintos es a través de su materia, es decir, a través de las características físicas o materiales que los individualizan.

A continuación, se argumenta que tanto los ángeles como las almas son inmateriales y, por lo tanto, no tienen materia. Esta característica es crucial porque implica que no se puede utilizar la materia para diferenciar entre ellos. La materia es un elemento esencial para establecer la diferencia entre los entes; si carecen de materia, no se pueden distinguir de esa manera.

El argumento continúa sugiriendo que, si el ángel y el alma no difieren en especie, entonces, siguiendo la lógica presentada, tampoco deberían diferir en número. Esto se debe a que la diferenciación numérica solo puede darse a través de la materia, y dado que ambos carecen de ella, la conclusión lógica sería que son uno y el mismo ente en términos numéricos.

Sin embargo, se establece que esta conclusión es falsa. En la realidad, se reconoce que existen múltiples ángeles y múltiples almas, lo que muestra que, aunque sean inmateriales, no son idénticos en número. Esta realidad contrasta con la afirmación de que no pueden diferir en especie.

Finalmente, el texto concluye que, dado que el ángel y el alma no pueden ser considerados idénticos en número (ya que hay varios de ambos), deben diferir en especie. Esto implica que, a pesar de su naturaleza inmaterial, hay diferencias fundamentales que los distinguen como entes diferentes, cada uno con su propia esencia.

> A continuación, Santo Tomás ofrece su propia respuesta a la Cuestión planteada

La solución que ofrece Santo Tomás a la cuestión de si el alma humana y los ángeles pertenecen a la misma especie se desarrolla de la siguiente manera:

1-Referencia a Orígenes. Santo Tomás comienza citando a Orígenes, quien sostenía que todas las criaturas racionales fueron creadas iguales por Dios, pero que su libre albedrío llevó a que algunas se acercaran a Dios y otras se alejaran, resultando en una diversidad en la creación. Orígenes buscaba evitar las herejías antiguas, proponiendo que la variabilidad en las criaturas proviene de sus decisiones morales y su relación con Dios.

2-Crítica a la posición de Orígenes. Sin embargo, Santo Tomás critica esta visión, señalando que Orígenes se centró demasiado en el bien individual de cada criatura sin considerar el bien del conjunto. Un buen arquitecto no hace todas las partes de una casa igual de valiosas, sino que asigna diferentes valores a las partes en función de su contribución al todo.

De la misma manera, Dios, como el arquitecto del universo, no crea todo igual, ya que eso conduciría a un universo imperfecto.

3-Diferenciación de las criaturas. Según Santo Tomás, si se sostiene que el alma humana y los ángeles son de la misma especie, entonces habría que buscar la diferencia entre ellos en la forma. Al considerar que ambos son inmateriales, la única diferencia que podrían tener sería formal, lo que indicaría que no son iguales en especie. También señala que no se puede afirmar que los ángeles y las almas estén compuestos de materia y forma, ya que esto implicaría que tienen una materia común, lo cual no es plausible.

4-Naturaleza de los ángeles y las almas. Santo Tomás rechaza la idea de que los ángeles y las almas son compuestos de materia y forma, argumentando que tal afirmación llevaría a confusiones. En cambio, sostiene que la diferencia entre ángeles y almas debe considerarse a través de sus diversas perfecciones, es decir, en cómo se relacionan con su principio de existencia (Dios).

5-Diferencia en grados de perfección. Menciona que en las sustancias materiales, la diversidad de especies se relaciona con los grados de perfección de la naturaleza. A medida que uno avanza desde los elementos hasta los animales, se observa una progresión en la perfección. Sin embargo, en las sustancias inmateriales, la diferencia de especie se mide en relación con su cercanía al primer agente (Dios), siendo que las sustancias más cercanas a Dios son más perfectas.

6-El alma humana como última en la jerarquía. En este contexto, Santo Tomás afirma que el alma humana ocupa el último lugar en esta jerarquía de perfección. A diferencia de los ángeles, el alma humana es potencialmente capaz de entender y adquirir conocimiento a través de la experiencia sensorial, lo que implica que necesita un cuerpo para alcanzar su plenitud.

7-Conclusión sobre la especie. Finalmente, concluye que, dado que los ángeles y el alma humana son diferentes en grado de perfección y en relación con su principio, no pueden ser de la misma especie. La implicación es que cada tipo de ser espiritual (ángeles y almas) tiene su propia esencia que los distingue, reflejando así la variedad y orden en la creación divina.

> A continuación, Santo Tomás responde a cada uno de los diecinueve argumentos expuestos inicialmente, que consideraban que el ángel y el alma difieren en especie

1-Santo Tomás establece que la forma de entender tanto en los ángeles como en las almas no es de la misma especie. Si las formas que son principios de operación difieren en especie, sus operaciones también deben diferir. Por ejemplo, calentar y enfriar son operaciones diferentes porque dependen de diferentes formas (calor y frío). Las especies inteligibles que utilizan las almas se abstraen de las imágenes sensibles, mientras que las de los ángeles son innatas. Esto implica que el entendimiento humano y el angélico son diferentes en especie. La diferencia en cómo entienden también resulta en que los ángeles pueden entender sin razonamiento discursivo, mientras que las almas necesitan un proceso discursivo para llegar a la esencia de las cosas.

2-Santo Tomás sostiene que las almas intelectuales entienden mediante especies abstraídas de las imágenes sensibles, y entienden tanto los principios como las conclusiones. Por lo tanto, en lo que se refiere a las almas, es el mismo conocimiento específicamente hablando. Por el contrario, los ángeles entienden sin proceso de abstracción de las imágenes sensibles. Por lo tanto, el entendimiento de ángeles y almas no pertenece a la misma especie.

3-En esta respuesta, se explica que el movimiento se relaciona con la especie de aquello a lo que se dirige. En el caso del entendimiento, el ángel entiende sin necesidad de un proceso discursivo, mientras que el alma lo hace mediante un proceso discursivo. Por lo tanto, el entendimiento de ángeles y almas no pertenece a la misma especie.

4-Santo Tomás sostiene que la especie de una cosa se determina por su operación natural, no por aquellas acciones que provienen de la participación en una naturaleza superior. Utiliza el ejemplo del hierro y la madera, que pueden quemar cuando están incandescentes, para ilustrar que, aunque ambas sustancias tengan una operación similar en ese estado, pertenecen a especies diferentes.

En relación con la visión en el Verbo, esta operación se realiza por una luz divina y trasciende las capacidades naturales de las almas y los ángeles. Por lo tanto, no se puede concluir que ángeles y almas sean de la misma especie, ya que sus operaciones y naturalezas son distintas.

5-Aquí se argumenta que, incluso entre los distintos ángeles, las especies inteligibles no son equivalentes. A medida que una sustancia intelectual se sitúa más alto en la jerarquía y se acerca más a Dios, sus formas de conocimiento se vuelven más elevadas y potentes. Por lo tanto, aunque los ángeles comprenden sin necesidad de razonamiento discursivo, esto no significa que pertenezcan a la misma especie.

6-Se menciona que "más" y "menos" pueden entenderse de dos maneras: una, en cuanto a la materia que participa de la misma forma de diferentes maneras; y otra, en relación con diferentes grados de perfección de las formas. En este último caso, la diversidad de grados puede diferenciar especies, como los colores que varían en relación a la luz.

7-Aunque no todas las almas entienden de la misma manera, todas utilizan especies de la misma naturaleza, que provienen de imágenes sensibles. La desigualdad en la comprensión resulta de la diversidad en las virtudes sensoriales y la disposición de los cuerpos, lo que no genera una diferencia de especie.

8- Santo Tomás de Aquino distingue dos modos de conocer algo a través de otro: a-Conocimiento de un conocimiento distinto: Implica razonar desde principios a conclusiones, utilizando un proceso lógico. b-Conocer por la especie misma: Se refiere a entender directamente la esencia del objeto, sin necesidad de razonamiento.

En el caso de los ángeles, ellos conocen causas y efectos a través de su propia esencia, que es similar a la de su causa (Dios). Esto les permite tener un conocimiento intuitivo y directo, sin recurrir a un proceso discursivo. Así, su forma de conocer es inmediata y no analítica, a diferencia de los humanos.

9-Las perfecciones que se dan a los ángeles y a las almas provienen de la participación en la naturaleza divina. Sin embargo, esta coincidencia en las perfecciones no implica que sean de la misma especie.

10-Aquí se argumenta que lo que tiene un único fin natural y próximo es uno en especie, pero la beatitud eterna es un fin último y sobrenatural, por lo que la conclusión no se sostiene.

11-Santo Tomás aclara que Agustín no sostiene que no haya nada entre nuestra mente y Dios en términos de dignidad y naturaleza, sino que nuestra mente es justificada y beatificada directamente por Dios. Utiliza la analogía de un soldado bajo el rey para explicar esta relación. *Como si dijera que un simple soldado está inmediatamente bajo el rey, no porque otros de mayor rango que él no estén bajo el rey, sino porque ninguno tiene potestad sobre él, excepto el rey.*

12-Santo Tomás señala que ni el alma ni el ángel son la imagen perfecta de Dios, solo lo es el Hijo. Por lo tanto, no se requiere que sean de la misma especie.

13-En esta respuesta, se señala que la definición que se aplica al ángel no se aplica de la misma manera al alma. El ángel es una sustancia incorpórea, mientras que el alma no puede describirse de esa manera.

14-Se argumenta que quienes creen que el alma y el ángel son de la misma especie se apoyan en un argumento fuerte, pero no es concluyente. La razón es que la diferencia que define su especie debe ser más elevada tanto en la calidad de su naturaleza como en su definición.

Es decir, simplemente afirmar que tanto el alma como el ángel son "intelectuales" no es suficiente para clasificarlos juntos, ya que deben tener una diferencia fundamental más significativa. La comparación con los seres sensibles ilustra esto: si todos los animales brutos fueran considerados de la misma especie solo por ser sensibles, se ignoraría que hay variaciones más profundas en sus naturalezas.

Aunque el alma y el ángel comparten una capacidad intelectual, hay diferencias más relevantes que impiden que pertenezcan a la misma especie.

15-Santo Tomás menciona que el alma es parte de la especie y, al mismo tiempo, un principio que da la especie. Por lo tanto, se debe investigar la especie del alma en este contexto.

16-Aunque la definición se aplica de manera adecuada a la especie, no todas las especies son definibles. Las especies de cosas inmateriales no se conocen de la misma manera que se conocen en las ciencias especulativas, sino que algunas se conocen por intuición. Por ello, el ángel no puede ser definido en términos precisos.

17-El género y la diferencia pueden ser considerados de dos maneras: una desde la perspectiva real, donde el género y la diferencia deben basarse en diferentes naturalezas; y otra desde una perspectiva lógica, donde no necesariamente deben ser diferentes, sino que pueden considerar aspectos de una misma naturaleza.

18-Santo Tomás discute que, hablando de manera natural, las diferencias deben ser contrarias, ya que la materia puede recibir formas opuestas. Sin embargo, desde una perspectiva lógica, cualquier oposición en las diferencias es suficiente, como se ve en los números.

19-Finalmente, se establece que aunque la materia no proporciona la especie, se debe considerar la naturaleza de la forma en relación con la materia. Esto implica que la relación entre materia y forma es crucial para entender la naturaleza de las especies.

8. OCTAVA CUESTIÓN: Si el alma racional debe estar unida a un cuerpo como el que posee el hombre

> Santo Tomás expone veinte argumentos de distintos autores, según los cuales parece que el alma racional no debió unirse a un cuerpo como el que posee el hombre

1-Se argumenta que el alma racional es una forma muy sutil y que la tierra es el cuerpo más bajo. Por lo tanto, no sería apropiado que un alma tan elevada se uniera a un cuerpo tan inferior como el cuerpo terrestre.

2-Se sostiene que el cuerpo humano, al alcanzar una cierta perfección, podría asemejarse al cuerpo celeste, que es completamente puro y carece de contrariedades. Sin embargo, si el cuerpo humano se asemeja al celeste, esto implicaría que el cuerpo celeste es más noble. Dado que el alma racional es superior a cualquier forma, debería unirse a un cuerpo celeste, no al humano.

3-Se discute que si el cuerpo celeste es más perfecto que el alma racional, debe estar relacionado con una sustancia inteligente. Si esta sustancia es solo un motor, el cuerpo humano es más perfecto en su unión con el alma, ya que el motor solo mueve sin dar forma. Por tanto, aunque pudiera haber una sustancia intelectual como forma del cuerpo celeste, no se requeriría un cuerpo, pues la actividad del intelecto no depende de un órgano físico.[3]

4-Se afirma que toda sustancia intelectual creada tiene la posibilidad de pecar, ya que puede alejarse del bien supremo, que es Dios. Si las almas intelectuales se unieran a cuerpos celestes como formas, podrían pecar, lo que llevaría a una separación del alma del cuerpo celeste. En efecto: la pena del pecado es la muerte. En consecuencia, esta reflexión nos llevaría a sostener la corrupción de los cuerpos celestes y el posterior sufrimiento de sus almas en el infierno, algo que no se puede aceptar.

5-Se sostiene que toda sustancia intelectual es capaz de alcanzar la beatitud. Si los cuerpos celestes están animados por almas intelectuales, estas también podrían ser beatificadas. Esto implicaría que no solo los ángeles y los humanos, sino también otras entidades podrían disfrutar de la beatitud eterna, lo cual contradice la enseñanza de los doctores de la Iglesia sobre la comunidad de los santos.

6-Se menciona que el cuerpo de Adán estaba adecuadamente proporcionado para el alma racional. Sin embargo, el cuerpo humano actual es diferente, ya que es mortal y sufre, lo que indica que estos cuerpos no son apropiados para el alma racional.

7-Se dice que los instrumentos deben ser perfectamente obedientes al motor. Dado que el alma racional es el motor más noble entre los inferiores, debería tener un cuerpo que obedezca completamente. Sin embargo, el cuerpo humano lucha contra el espíritu, lo que no es adecuado.

8-Se plantea que el alma racional debería unirse a un cuerpo completamente espiritual, ya que el corazón humano es el más caliente de los animales en virtud de su capacidad generadora. Por lo tanto, sería más apropiado que se uniera a un cuerpo completamente espiritual.

9-Se argumenta que el alma es incorruptible, mientras que los cuerpos humanos son corruptibles. Por lo tanto, no sería apropiado que un alma incorruptible se uniera a un cuerpo corruptible.

10-Se sostiene que el alma racional se une al cuerpo para constituir la especie humana. Sin embargo, sería más conveniente que el cuerpo al que se une el alma fuera incorruptible, lo que evitaría la necesidad de la generación para conservar la especie.

11-Se afirma que para que el cuerpo humano sea el más noble entre los cuerpos inferiores, debe asemejarse al cuerpo celeste, que es el más noble. Pero el cuerpo celeste no tiene contrariedades. Como los cuerpos humanos sí las tienen, no son adecuados para el alma racional.[4]

12-Se plantea que el alma es una forma simple y, por lo tanto, debería unirse a un cuerpo simple, como el fuego o el aire.

13-Se menciona que el alma humana tiene una conexión con los principios, y los antiguos filósofos afirmaron que el alma es de la naturaleza de los principios. Si el alma no es un elemento, entonces debería unirse a algún cuerpo elemental, como el fuego o el aire.

14-Se sostiene que los cuerpos de partes similares son más simples que los cuerpos de partes disímiles. Por lo tanto, el alma, siendo simple, debería unirse a un cuerpo de partes similares.

15-Se dice que el alma se une al cuerpo como forma y motor. Por lo tanto, el alma racional, siendo la forma más noble, debería unirse a un cuerpo muy ágil, pero los cuerpos de los hombres no son tan ágiles como los de los pájaros y otros animales.

16-Se cita a Platón, quien dice que las formas son otorgadas por el dador según las disposiciones de la materia. Pero el cuerpo humano no parece tener la disposición adecuada para un alma tan noble, dado que es grosero y corruptible.

17-Se afirma que en el alma humana hay formas inteligibles muy particulares en relación con las sustancias inteligibles superiores. Tales formas corresponderían a la operación del cuerpo celeste, que causa la generación y corrupción de estos particulares. Por lo tanto, el alma humana debería unirse a cuerpos celestes.

18-Se establece que nada se mueve naturalmente cuando está en su lugar. Sin embargo, el cielo se mueve en su lugar, lo que implica que no se mueve naturalmente. Por lo tanto, se sugiere que el cielo tiene un alma unida a él.

19-Se menciona que el acto de narrar es propio de una sustancia inteligente. Como el cielo narra la gloria de Dios (Salmos, 18,1), se concluye que los cielos son inteligentes y, por lo tanto, tienen un alma intelectual.

20-Se argumenta que el alma es la forma más perfecta, por lo que debería unirse a un cuerpo más perfecto. Sin embargo, el cuerpo humano parece ser el menos perfecto, ya que carece de armas de defensa y otros atributos que poseen los cuerpos de otros animales.

> A continuación, Santo Tomás expone un argumento de autoridad según el cual el alma debía unirse a un cuerpo como el cuerpo humano

El relato de la creación en el libro del *Génesis* menciona que Dios formó al hombre del polvo de la tierra. Esto indica que el cuerpo humano está esencialmente conectado con la tierra y el mundo físico.

La afirmación de que el hombre fue creado a imagen de Dios destaca su dignidad y nobleza. En la teología cristiana, esto implica que el ser humano tiene la capacidad de razonar, amar y relacionarse con Dios, lo que lo diferencia de otras criaturas.

Se sostiene que todo lo que Dios crea es perfecto y adecuado para su propósito. Si Dios ha creado al ser humano con un alma racional que lleva su imagen, esto sugiere que la unión de esta alma con un cuerpo terrenal es intencional y apropiada.

Se argumenta que, dado que el alma racional es una manifestación de la imagen de Dios, es correcto que se una a un cuerpo que, aunque terrenal, forma parte del plan divino. Esto implica que hay un propósito en la creación del ser humano tal como es, con su cuerpo físico y su alma racional.

Esta objeción refuerza la idea de que la creación del ser humano por parte de Dios es coherente y adecuada. El alma racional, que refleja la imagen divina, encuentra su lugar natural en un cuerpo humano, lo que resalta la importancia y el valor del ser humano en el orden de la creación.

> A continuación, Santo Tomás ofrece su propia respuesta a la Cuestión planteada

Santo Tomás presenta un análisis filosófico sobre la relación entre el alma racional y el cuerpo humano. Se establece que la materia existe por la forma, y no al revés, lo que implica que la naturaleza del cuerpo humano debe ser determinada por las características del alma que lo habita. Se cita el *De Anima* aristotélico para afirmar que el alma no solo es la forma del cuerpo, sino también su motor y su finalidad, indicando que el alma racional, al ser la forma del cuerpo humano, lo dirige y le da propósito.

El alma humana es considerada la más baja en el orden de las sustancias intelectuales, y a diferencia de los seres superiores, no posee ideas o "especies inteligibles" innatas. Se describe como una "tabla rasa", que debe recibir conocimiento del mundo exterior a través de los sentidos. La necesidad del cuerpo se acentúa al argumentar que el alma humana necesita percibir el mundo a través de los sentidos, especialmente el sentido del tacto, fundamental para todas las percepciones. Esta capacidad sensitiva es esencial para el funcionamiento del intelecto.

Se concluye que el cuerpo humano debe estar diseñado de tal manera que sea el más adecuado para recibir y procesar las percepciones sensoriales, de las cuales derivarán las "especies inteligibles". Esto implica que el cuerpo debe estar bien equilibrado y tener una buena disposición para el sentido del tacto, que es esencial para la experiencia sensitiva. A pesar de que este sentido tiene características únicas, debe ser capaz de interactuar con opuestos (calor y frío, húmedo y seco), lo que exige que el cuerpo humano esté equilibrado en su composición.

Además, se destaca que la naturaleza opera en grados, desde elementos simples hasta el ser humano, que es considerado el resultado más perfecto de esta mezcla. La disposición del cuerpo humano facilita las operaciones intelectuales y sensoriales, siendo crucial la estructura del cerebro para las funciones cognitivas. Al tener un cerebro más grande en relación con su tamaño, el ser humano está mejor equipado para las operaciones intelectuales.

Sin embargo, a pesar de su perfección, el cuerpo humano está sujeto a defectos inherentes a la materia, los cuales no son un fallo del creador, sino condiciones naturales que surgen de la materia misma. En la creación del ser humano, Dios otorgó una justicia original que hacía que el cuerpo estuviera completamente subordinado al alma mientras ésta estuviera en comunión con Dios. Sin embargo, a causa del pecado, el alma se separa de esta gracia, lo que conduce a que el cuerpo sufra deficiencias.

> A continuación, Santo Tomás responde a cada uno de los veinte argumentos expuestos inicialmente, que consideraban que el alma no debía unirse a un cuerpo como el cuerpo humano

1-Santo Tomás sostiene que, aunque el alma es la forma más sutil de todas las formas en su capacidad de entender, necesita unirse a un cuerpo, que se realiza a través de la complexión (la combinación de elementos) para adquirir las especies inteligibles mediante los sentidos. Esto implica que el cuerpo que el alma necesita debe tener más cantidad de elementos pesados, como la tierra y el agua, para permitir esta unión. Si el fuego, que es muy eficaz en su acción, no tuviera estos elementos en mayor cantidad, no podría haber una mezcla adecuada.

2-El alma racional se une a un cuerpo, no porque sea similar al cielo, sino porque tiene una composición similar. Sin embargo, según Avicena, se une a este tipo de cuerpo debido a su similitud con el cielo, ya que creía que los cuerpos inferiores son causados por los superiores. Cuando los cuerpos inferiores alcanzan una composición similar a la de los cuerpos celestes, obtienen una forma similar a la del cuerpo celeste, que se considera animado.

3-Sobre la animación de los cuerpos celestiales, hay diferentes opiniones tanto entre filósofos como entre teólogos. Anaxágoras sostenía que el intelecto activo es completamente inmerso y separado, y que los cuerpos celestiales son inanimados. Otros filósofos afirmaban que los cuerpos celestiales están animados, aunque algunos, como Platón y Aristóteles, afirmaban que Dios es algo superior al alma del cielo. Entre los teólogos, Orígenes y sus seguidores consideraban que los cuerpos celestiales están animados, mientras que otros, como Damasceno, sostenían que eran inanimados. Santo Tomás concluye que los cuerpos celestiales son movidos por una sustancia intelectual que actúa como forma, teniendo solo la potencia intelectual, pero no la sensitiva.

4-Aunque todas las sustancias intelectuales creadas pueden pecar según su naturaleza, muchas han sido preservadas por elección divina y por gracia para no pecar. Esto podría incluir las almas de los cuerpos celestiales, considerando que los demonios que pecaron son de un orden inferior.

5-Si los cuerpos celestiales están animados, sus almas pertenecerían a la sociedad de los ángeles. Santo Tomás menciona que no está seguro si el sol, la luna y las estrellas pertenecen a la misma sociedad de los ángeles, aunque algunos consideran que son cuerpos brillantes, no necesariamente sensitivos o intelectuales.

6-El cuerpo de Adán fue proporcionado para el alma humana, no solo según lo que exige la naturaleza, sino también por la gracia, de la cual se privan los humanos, aunque la naturaleza permanezca igual.

7-La lucha interna en el hombre, provocada por deseos opuestos, también proviene de la necesidad de la materia. Si el hombre tiene sentidos, necesariamente percibirá placeres, lo que lleva a la concupiscencia por esos placeres, que a menudo se opone a la razón. Sin embargo, al hombre se le otorgó un remedio por la gracia en el estado de inocencia, de modo que las fuerzas inferiores no se opusieran a la razón, aunque este don se perdió a causa del pecado.

8-Los espíritus, aunque son vehículos de virtudes, no pueden ser órganos de los sentidos. Por lo tanto, el cuerpo humano no pudo estar compuesto solo por espíritus.

9-La corruptibilidad proviene de los defectos que son inherentes al cuerpo humano debido a la naturaleza de la materia, especialmente después del pecado, que privó al ser humano del auxilio de la gracia.

10-Es mejor considerar lo que es más adecuado para el fin, en lugar de lo que surge de la necesidad de la materia. Sería mejor que el cuerpo de un animal fuera incorruptible, si la materia que lo compone lo permitiera naturalmente.

11-Los cuerpos que están más cerca de los elementos y tienen más de contrariedad, como las piedras y los metales, son más duraderos, porque su armonía es menor, lo que dificulta su descomposición. Sin embargo, en los animales, la duración de la vida depende de que la humedad no se seque fácilmente y que el calor no se extinga, ya que la vida reside en el calor y la humedad. Esto se encuentra en el ser humano según la medida que requiere su complexión equilibrada.

12-El cuerpo humano no puede ser un cuerpo simple, ni el cuerpo celeste puede serlo debido a la capacidad de los órganos sensoriales, especialmente el sentido del tacto. Tampoco puede ser un cuerpo elemental simple, ya que en el elemento hay contrariedades en acto. Por lo tanto, el cuerpo humano debe ser un cuerpo equilibrado.

13-Los antiguos filósofos creían que el alma, que conoce todo, debe ser similar a todas las cosas. Por eso pensaban que era parte de la naturaleza de los elementos, que consideraban el principio de todas las cosas, para que así el alma pudiera conocer todo. Sin embargo, Aristóteles demostró que el alma conoce todo en cuanto es similar a todas las cosas en potencia, no en acto. Por lo tanto, el cuerpo al que se une el alma no debe estar en un extremo, sino en el medio, para que pueda ser potencialmente opuesto.

14-Aunque el alma es simple en su esencia, es múltiple en su potencia, y más aún cuanto más perfecta sea. Por ello, requiere un cuerpo orgánico que tenga partes diferentes.

15-El alma no se une al cuerpo por el movimiento local; más bien, el movimiento local del hombre y de otros animales está orientado a la conservación del cuerpo unido al alma. El alma se une al cuerpo para entender, que es su principal operación, y por ello requiere que el cuerpo esté bien dispuesto para servir al alma en lo necesario para entender, teniendo agilidad y otras cualidades que la disposición permite.

16-Platón afirmaba que las formas de las cosas subsisten por sí mismas y que la participación de las formas en las materias es para perfeccionarlas, no por las formas que subsisten por sí mismas. Por esto, concluía que las formas se daban a las materias según sus méritos. Sin embargo, según Aristóteles, las formas naturales no subsisten por sí mismas; por lo tanto, la unión de la forma con la materia no es por la materia, sino por la forma. No se trata de que la materia esté dispuesta para recibir la forma; sino que la materia debe ser dispuesta para que la forma sea tal. Así, el cuerpo humano está dispuesto según lo que corresponde a tal forma.

17-Aunque el cuerpo celeste sea causa de lo particular que se genera y se corrompe, es, sin embargo, la causa de lo general. Por esto, se requieren agentes determinados para especies determinadas. Así, el motor del cuerpo celeste no necesita tener formas particulares, sino universales, ya sea que sea un alma o un motor separado. Sin embargo, Avicena consideraba que el alma del cielo debería tener imaginación, para poder entender lo particular. Puesto que es la causa del movimiento del cielo, debe conocer el "aquí" y el "ahora". Pero esto no es necesario, primero, porque el movimiento del cielo es uniforme y no presenta obstáculos; así que una concepción universal es suficiente para causar tal movimiento. La concepción particular es necesaria en los movimientos de los animales debido a la irregularidad de su movimiento y a los obstáculos que pueden presentarse. Segundo, las sustancias intelectuales superiores pueden comprender lo particular sin necesidad de una potencia sensitiva.

18-El movimiento del cielo es natural debido al principio pasivo o receptivo del movimiento, ya que a tal cuerpo le corresponde naturalmente tal movimiento; pero el principio activo de este movimiento es alguna sustancia intelectual. Lo que se dice que ningún cuerpo en su lugar existente se mueve naturalmente se entiende en relación a un cuerpo que se mueve en línea recta, es decir, que cambia de lugar no solo en razón, sino también en el sujeto. Un cuerpo que se mueve en círculos no cambia completamente de lugar en el sujeto.

19-El cuerpo humano debe ser un cuerpo compuesto y no un cuerpo elemental, debido a que su estructura orgánica y los sentidos requieren una organización específica. Por lo tanto, la perfección del cuerpo humano está en su complejidad y en su capacidad para actuar como un todo, lo que permite que el alma tenga acceso a las diversas experiencias sensoriales necesarias para el conocimiento.

20-Los filósofos antiguos consideraban que la perfección del cuerpo y la del alma debían estar en armonía, ya que cada uno depende del otro para cumplir su propósito. El cuerpo humano, con su complejidad y organización, permite que el alma realice su función de conocimiento. Por ende, la esencia del cuerpo humano debe estar configurada de tal manera que proporcione un ambiente propicio para el desarrollo y la actividad del alma.

9. NOVENA CUESTIÓN: Si el alma está unida a la materia corpórea a través de un medio

> Santo Tomás expone diecinueve argumentos de distintos autores, según los cuales parece que el alma está unida a la materia corpórea a través de un medio

1-El alma parece unirse al cuerpo mediante poderes o facultades, según el libro *De spiritu et anima*.₅ Estos poderes son distintos de la esencia del alma, lo cual sugiere que el alma se une al cuerpo a través de algo distinto de su esencia.

2-Se argumenta que el alma se une al cuerpo a través de sus potencias como motor (agente de movimiento), pero no como forma. Sin embargo, se objeta esta distinción. Se afirma que el alma es tanto la forma del cuerpo (dando existencia) como su motor (iniciador de la acción) al mismo tiempo. Por lo tanto, no es adecuado dividir el alma entre su función de motor y de forma.

3-Si el alma se uniera al cuerpo como motor solo accidentalmente, no formaría una unidad verdadera con el cuerpo. Pero el alma se une al cuerpo en sí misma, sin un intermediario, lo que refuerza que la unión es esencial y no accidental. Luego el alma en cuanto no se une al cuerpo por un medio es motor.

4-Las operaciones del alma son del compuesto, no solo del alma. En este sentido, no hay un intermediario entre el alma y el cuerpo para realizar estas operaciones.

5-Al ser forma del cuerpo, el alma no se une a cualquier materia, sino a la que está dispuesta adecuadamente. Esta disposición se da mediante accidentes propios, como el calor y la sequedad en el fuego. Las potencias del alma, al ser sus accidentes propios, podrían servir de medio para su unión al cuerpo.

6-Un animal se mueve a sí mismo y está dividido en dos partes: la que mueve y la que es movida. El alma es la parte que mueve, y el cuerpo, que es materia y forma, es la parte movida. Por esto, parece que el alma se une a la materia corporal mediante alguna forma intermedia.

7-La definición de cualquier forma incluye su materia propia. Así, en la definición del alma, el cuerpo físico y orgánico se incluye como su materia propia, lo cual sugiere que el alma se une al cuerpo a través de una forma que perfecciona la materia primero.

8-En *Génesis* se dice que Dios formó al hombre de la tierra y le inspiró el "aliento de vida". Esto sugiere que existe una forma previa en la materia que antecede a la unión del alma, actuando así como un intermediario.

9-Las formas se unen a la materia en función de la capacidad potencial de ésta. Primero, la materia está en potencia para las formas elementales antes que para otras formas. Así, la unión del alma requeriría formas elementales como intermediarios.

10-El cuerpo humano es una mezcla de elementos, y sus formas deben permanecer en la mezcla, ya que de otro modo los elementos se corromperían. Por lo tanto, el alma se uniría a la materia a través de estas formas elementales.

11-El alma intelectual se une al cuerpo como forma en tanto que es intelectual, y la función de entender implica potencias mediadoras. Esto sugiere que el alma se une al cuerpo como forma mediante sus potencias.

12-El alma no se une a cualquier cuerpo, sino a uno proporcionado. Esta proporción es el medio por el cual el alma se une al cuerpo.

13-El alma actúa en el cuerpo principalmente a través del corazón, que es la parte más cercana al alma en relación con sus potencias. Esto sugiere que el alma podría unirse al cuerpo a través del corazón como intermediario.

14-Dado que el cuerpo tiene partes diversas y el alma es simple, parecería lógico que el alma se una primero a una parte específica del cuerpo, y luego a las demás a través de ésta.

15-El alma, siendo superior al cuerpo, usa potencias superiores (como el intelecto) que están unidas al cuerpo por potencias inferiores (como la imaginación y el sentido). Esto sugiere que el cuerpo se une al alma a través de elementos simples, como el espíritu y los humores.

16-Si al eliminar algo la unión entre el alma y el cuerpo se deshace, eso parece indicar que es un intermediario. Al desaparecer el "espíritu vital" o el calor natural, el cuerpo y el alma se separan, lo que sugiere que esos elementos son el medio de unión.

17-El alma se une a un cuerpo específico que tiene dimensiones determinadas, y estas dimensiones podrían actuar como intermediarios en la unión.

18-Dado que el alma y el cuerpo son muy distintos en naturaleza (una es incorpórea y simple, el otro corpóreo y compuesto), parece necesaria una mediación para unirlos.

19-El alma humana es similar en naturaleza a las sustancias intelectuales separadas que mueven cuerpos celestiales. Así, se sugiere que el cuerpo humano tiene algo de la naturaleza de los cuerpos celestiales que facilita la unión del alma.

> A continuación, Santo Tomás expone un argumento de autoridad según el cual el alma no se une al cuerpo a través de un intermediario

De acuerdo con Aristóteles, la forma se une directamente a la materia, por lo que, siendo el alma la forma del cuerpo humano, se une a él de manera inmediata.

> A continuación, Santo Tomás ofrece su propia respuesta a la Cuestión planteada

La respuesta de Santo Tomás es un análisis profundo sobre la relación entre la forma y la materia, especialmente en el contexto de la esencia de los seres y su existencia. En este texto, Santo Tomás sostiene que el "ser" es lo más íntimo y esencial de las cosas, siendo la forma la que le confiere a la materia su existencia actual.

En primer lugar, Santo Tomás argumenta que la forma sustancial es lo que otorga a la materia su ser de manera directa y esencial. La forma sustancial es la que determina qué es algo; sin ella, la materia carecería de un ser concreto. Por ejemplo, en el caso de un ser humano, el alma es la forma que otorga a la materia (el cuerpo) su naturaleza específica de "humano". En este sentido, la forma sustancial se distingue de las formas accidentales, que solo le confieren a la materia características adicionales (como el color o el tamaño), pero no su esencia.

Santo Tomás también rechaza la idea de que haya formas sustanciales intermedias entre la materia y la forma sustancial. Esta es una crítica a ciertas posturas filosóficas que proponen una jerarquía de formas, donde una forma inicial podría dar existencia a la materia en un nivel inferior, y otras formas agregarían perfecciones adicionales. Según él, solo puede haber una forma sustancial que confiera ser a la materia en su totalidad; esa forma es lo que hace que la materia sea un "algo" específico.

Además, enfatiza que las formas de los seres naturales pueden ser comprendidas como una especie de jerarquía, donde una forma puede ser más perfecta que otra. Esta perfección se entiende en términos de cómo las formas constituyen a la materia en diferentes grados de ser, desde la mera existencia corporal hasta la existencia animada y racional. En este sentido, la materia, cuando se encuentra en un estado de existencia corporal, es una especie de base que se puede perfeccionar mediante la incorporación de formas más elevadas, como el alma.

Santo Tomás también aborda cómo la forma sustancial no solo determina la existencia de la materia, sino que también actúa como principio de operación. La forma otorga a la materia no solo un ser, sino también capacidades operativas, y esto varía según el grado de perfección de la forma. Las formas más perfectas tienen una mayor capacidad de acción, lo que se traduce en una diversidad de funciones en seres vivos. Por ejemplo, en los seres humanos, diferentes partes del cuerpo (como el corazón o los pulmones) tienen funciones específicas que dependen de la unidad que la forma (el alma) les otorga.

Finalmente, Santo Tomás defiende la idea de que el alma y el cuerpo están unidos de tal manera que el alma actúa como forma del cuerpo sin intermediarios, es decir, el alma da vida y especificidad al cuerpo directamente. Esto se opone a teorías que proponen la existencia de elementos intermedios que conecten el alma y el cuerpo, como ciertos humores o espíritus.

> A continuación, Santo Tomás responde a cada uno de los diecinueve argumentos expuestos inicialmente, que consideraban que el alma estaba unida al cuerpo por algún intermediario

1-En el primer argumento, Santo Tomás explica que las facultades del alma son cualidades que le permiten actuar, y por lo tanto se sitúan entre el alma y el cuerpo en términos de movimiento. Sin embargo, no median en cuanto a la función de dar existencia. Además, aclara que el libro atribuido a Agustín *De spiritu et anima* no es en realidad de su autoría, y que el autor de ese texto sostenía que el alma es su propia potencia, por lo que la objeción presentada no aplica.

2-Respecto al segundo argumento, Santo Tomás aclara que, aunque el alma es forma en cuanto a acto y motor, sus efectos difieren según la función que cumpla. En cuanto a forma, tiene un efecto, y en cuanto a motor, otro; de ahí que la distinción sea válida.

3-En la tercera objeción, explica que entre un motor y lo que mueve no se forma una unidad esencialmente; sin embargo, en el caso del alma y el cuerpo sí lo hacen, ya que el alma es la forma del cuerpo.

4-En la cuarta respuesta, Santo Tomás aclara que, en lo que respecta a la operación conjunta del alma y el cuerpo, no hay nada entre el alma y las partes del cuerpo. Solo hay una parte del cuerpo a través de la cual el alma actúa en primer lugar, y otras partes participan en esa operación.

5-En la quinta objeción, se expone que las disposiciones accidentales necesarias para adecuar la materia a una forma no son totalmente intermedias entre forma y materia. Sirven de mediadoras entre la forma como perfección final y la materia en un grado inferior de perfección. Las potencias del alma son accidentales y propias de ella, por lo que no funcionan como disposición hacia el alma sino como relaciones entre diferentes niveles de potencia.

6-En el sexto argumento, Santo Tomás reconoce que el alma y el cuerpo se dividen en parte motora y parte movida, lo cual es cierto, pero el alma mueve al cuerpo mediante percepción y deseo. Sin embargo, la percepción intelectual en el ser humano solo mueve el cuerpo indirectamente a través de la percepción sensible.

7-El séptimo punto aborda la relación entre el cuerpo orgánico físico y el alma, estableciendo que el cuerpo actúa como materia para el alma, no por una forma intermedia, sino porque el cuerpo lo obtiene de la propia alma.

8-En la octava respuesta, se aclara que, en la creación del hombre en *Génesis*, la secuencia de "formar al hombre del barro" y luego "insuflar el aliento de vida" no implica una separación temporal, sino un orden natural.

9-La novena explicación afirma que la materia está potencialmente ordenada hacia las formas, sin que esto signifique que reciba múltiples formas sustanciales de manera secuencial; más bien, cada forma superior requiere las cualidades de una forma inferior para manifestarse.

10-En la décima objeción, Santo Tomás discute la postura de que las formas elementales estarían en el compuesto de manera activa. Sin embargo, explica que las formas elementales permanecen en virtud de sus accidentes, no en su esencia, en el compuesto.

11-La undécima respuesta aborda que, aunque el alma es la forma del cuerpo, su operación intelectual no la liga totalmente a su naturaleza material.

12-En el duodécimo argumento, se establece que la proporción entre alma y cuerpo reside en los elementos proporcionales mismos y no requiere un intermediario entre ellos.

13-En la respuesta al decimotercer argumento, Santo Tomás afirma que el corazón actúa como el primer instrumento mediante el cual el alma mueve el cuerpo, y aunque el alma se une a todas las partes del cuerpo, se une particularmente al corazón como motor.

14-En el decimocuarto argumento, se reconoce que el alma, siendo una forma simple, posee múltiples facultades que permiten diversas operaciones. Esta diversidad afecta la perfección de cada parte del cuerpo según sus respectivas funciones.

15-En el decimoquinto, se explica cómo las facultades inferiores del alma ayudan a las superiores a operar, al igual que el cuerpo se conecta con el alma a través de las funciones superiores del cuerpo.

16-La decimosexta respuesta sostiene que la unión entre el alma y el cuerpo se deshace cuando las disposiciones naturales, como el calor y la humedad, se alteran; estas disposiciones actúan como intermediarios entre el alma y el cuerpo.

17-En el decimoséptimo argumento, se aclara que las dimensiones solo se aplican a la materia una vez constituida con la forma sustancial, que en el caso del ser humano es el alma.

18-En el decimoctavo, Santo Tomás refuta la noción de que el alma y el cuerpo están separados como entidades de diferentes géneros o especies; el alma es la forma que da ser al cuerpo y se une a él directamente.

19-Finalmente, en el decimonoveno argumento, se establece que el cuerpo humano comparte características con el cuerpo celeste en cuanto a su equilibrio de cualidades, aunque no existe ninguna entidad intermedia entre el alma y el cuerpo.

10. DÉCIMA CUESTIÓN: Si el alma existe en todo el cuerpo y en cada una de sus partes

> Santo Tomás expone dieciocho argumentos de diversos autores, según los cuales parece que el alma no está presente en todo el cuerpo y en cada una de sus partes

1-El alma actúa como perfección del cuerpo, pero solo del cuerpo "orgánico" (estructurado para la vida), ya que, según Aristóteles, el alma es el acto del cuerpo físico que tiene vida en potencia. Como no todas las partes del cuerpo son "orgánicas", parece que el alma no podría estar en cada parte.$_6$

2-La forma del alma es simple, pero el cuerpo, con sus partes diversas, es múltiple y variado. Dado que la forma debe corresponderse con la materia, una esencia simple no podría tener correspondencia con una materia tan diversa como el cuerpo. Así, parece que el alma no está presente en todas las partes.

3-Si el alma está totalmente en cada parte del cuerpo, entonces no habría "nada" del alma fuera de esa parte. Esto implica que no podría estar simultáneamente en todas las partes.

4-Aristóteles compara al alma con un sistema político bien ordenado. Así como en una ciudad no es necesario que el gobernante esté en cada parte, en el cuerpo el alma se halla en un principio central, y cada parte cumple su función sin necesidad de que el alma esté en cada una.

5- Aristóteles en *Física*, sostiene que el "motor" de los cielos debe estar en la circunferencia y no en el centro, porque el movimiento es más rápido cuanto más lejos del centro se está. Aplicando esta idea al cuerpo, se afirma que el alma debe residir en el corazón, ya que es la parte del cuerpo donde el movimiento es más evidente. Por lo tanto, el alma se localiza en el corazón del animal.

6-Aristóteles menciona que las plantas tienen un principio vital entre lo superior y lo inferior. Por analogía, el alma debería estar en una ubicación central en el cuerpo, como el corazón, en lugar de en cada parte.

7-Cuando una forma está en un todo y en cada parte, como el fuego en el caso del elemento, cada parte también toma la denominación de la forma (por ejemplo, cada parte de fuego es fuego). Pero no se puede decir que cada parte del cuerpo es "animal". Así, el alma no parece estar en todas partes del cuerpo.

8-La facultad de entender pertenece al alma, pero el entendimiento no se encuentra en ninguna parte específica del cuerpo. Por lo tanto, parece que el alma no está completamente en cada parte.

9-Aristóteles establece una correspondencia entre el alma y el cuerpo, sugiriendo que una parte del alma debería corresponder a una parte del cuerpo. Por lo tanto, si el alma está en el cuerpo entero, no está toda en cada parte.

10-Alguien podría objetar que Aristóteles habla de partes del alma como motoras, no como forma. Sin embargo, Aristóteles mismo afirma que si el ojo fuera un animal, la vista sería su alma. Por lo tanto, una parte del alma debería residir en el cuerpo, no solo como motor, sino como forma.

11-El alma es principio de vida en el cuerpo. Si estuviera en todas las partes, cada parte recibiría vida directamente del alma y no dependería de otras, pero sabemos que las partes del cuerpo dependen del corazón para vivir.

12-El movimiento del cuerpo se atribuye accidentalmente al alma, y el cuerpo puede moverse y reposar en diferentes partes. Si el alma estuviera en cada parte del cuerpo, se movería y reposaría simultáneamente, lo cual es imposible.

13-Las potencias del alma están radicadas en su esencia, y si esta estuviera en cada parte del cuerpo, entonces todas las potencias estarían en cada parte, lo cual no es cierto, pues, por ejemplo, la audición solo está en el oído.

14-Todo lo que está en algo, está en él según el modo de aquello que lo contiene. Si el alma está en el cuerpo, debería estar en él según el modo de éste, que no permite que una parte esté en la otra; así, el alma no podría estar en cada parte del cuerpo.

15-Algunos animales anillados, como los gusanos, pueden vivir cuando se les corta en partes, pues el alma persiste en cada sección. Sin embargo, los humanos y animales superiores no sobreviven cuando se dividen, lo que indica que el alma no está en cada parte de su cuerpo.

16-Así como la forma de una casa no reside en cada ladrillo, sino en el todo, el alma, como forma del cuerpo, debería residir en el todo y no en cada parte.

17-El alma otorga existencia al cuerpo a través de su esencia simple. Y como de uno no puede proceder sino uno, si el alma está en cada parte, conferiría una existencia uniforme a todas las partes, lo cual no parece ser el caso.

18-La unión entre forma y materia es más íntima que la de un objeto con el lugar que ocupa. Pero, así como un ser espiritual no puede estar en varios lugares a la vez, el alma tampoco debería estar en distintas partes del cuerpo simultáneamente.

A continuación, Santo Tomás expone los argumentos de autoridad según los cuales el alma está presente en todo el cuerpo y en cada parte de él

San Agustín, en su obra *De Trinitate*, sostiene que el alma está totalmente en todo el cuerpo y también en cada una de sus partes. Esto implica que la esencia del alma está presente en su totalidad en cada parte del cuerpo, contradiciendo la idea de que el alma no puede estar en todas las partes.

El alma no confiere existencia al cuerpo más que en la medida en que se une a él. Dado que el alma otorga ser tanto al cuerpo en su totalidad como a cada una de sus partes, se infiere que el alma debe estar presente tanto en el cuerpo completo como en cada parte de él.

El alma solo puede realizar acciones en los lugares donde está presente. Dado que las operaciones del alma se manifiestan en cada parte del cuerpo (como en el movimiento de las extremidades o la percepción de los sentidos), se concluye que el alma debe estar presente en cada una de estas partes del cuerpo.

> A continuación, Santo Tomás ofrece su propia respuesta a la Cuestión planteada

El texto examina la relación entre el alma y el cuerpo desde una perspectiva filosófica, enfatizando que el alma, como forma del cuerpo, no se une a él a través de alguna de sus partes, sino que está presente en su totalidad y en cada una de sus partes. Esta relación implica que el alma es responsable de conferir ser y especificidad a cada componente del cuerpo. Se argumenta que el cuerpo, entendido como un "todo natural", obtiene su unidad a partir de una única forma que lo perfecciona, en contraposición a las construcciones inorgánicas, donde la unidad surge de la mera agregación de partes.

Además, se sostiene que cada parte del cuerpo recibe su ser y forma del alma. Cuando el alma se separa del cuerpo, ninguna de sus partes puede existir en la misma medida, lo que se relaciona con una crítica a las ideas platónicas que sugieren que los seres sensibles obtienen su existencia a través de la participación en formas separadas. En este contexto, se aborda la cuestión de cómo se puede atribuir la totalidad a una forma, identificando tres modos diferentes de concebir la totalidad: la división cuantitativa, que se refiere al tamaño o la cantidad; la división esencial, donde la forma y la materia son las partes que constituyen un compuesto; y la división por potencia o virtud, que considera cómo las operaciones de una forma pueden diferir según las partes involucradas.[7]

Se concluye que el alma, al ser la forma del cuerpo, está presente de manera total y perfecta en cada parte del cuerpo en términos de su esencia y perfección específica. Sin embargo, se hace una distinción respecto a su potencia operativa, ya que el alma no actúa completamente en cada parte. Por ejemplo, funciones como el entendimiento y la voluntad no dependen de órganos corporales específicos, lo que sugiere que el alma posee una capacidad que trasciende la interacción física con el cuerpo. En este sentido, el texto ofrece una visión integral de la relación entre el alma y el cuerpo, resaltando la necesidad de ambos para la realización plena del ser humano.

> A continuación, Santo Tomás responde a cada uno de los dieciocho argumentos según los cuales parece que el alma no está presente en todo el cuerpo y en cada una de sus partes

1-Santo Tomás explica que la materia existe para la forma, y la forma se orienta a una operación particular. Por lo tanto, la materia debe ser adecuada para la operación de la forma. Así como la materia de una sierra debe ser de hierro por su dureza, el alma, dada su perfección, requiere un cuerpo compuesto de partes adecuadas a sus diversas operaciones. El cuerpo completo es considerado como un órgano, y las partes existen en función del todo. Así, no se puede afirmar que cada parte del cuerpo sea un organismo por sí sola, sino que cada parte tiene una relación con el cuerpo entero y con las operaciones del alma.

2-Aquí se aclara que, dado que la materia es para la forma, esta forma otorga ser y especie a la materia, en relación a su operación. Aunque el cuerpo es uno y simple en esencia, presenta partes diversas que son perfeccionadas por el alma de diferentes maneras, de acuerdo a sus funciones.

3-Santo Tomás responde que el alma está en una parte del cuerpo de una manera particular, pero esto no implica que no haya nada del alma fuera de esa parte. Lo que se afirma es que el alma no está fuera del cuerpo en su totalidad, porque el alma perfecciona todo el cuerpo.

4- Se menciona que Aristóteles habla del alma en relación a su capacidad motriz, y que el principio del movimiento se encuentra en una parte específica del cuerpo, es decir, en el corazón. A través de esta parte, el alma mueve el cuerpo entero.

5-Santo Tomás aclara que el motor del cielo no está limitado por la ubicación en su esencia. Aristóteles busca señalar dónde se encuentra en relación al principio de movimiento. Por tanto, en cuanto a la causa del movimiento, el alma se encuentra en el corazón.

6-En este punto, se argumenta que, en las plantas, el alma se dice que está en medio de lo que es hacia arriba y hacia abajo, actuando como el principio de ciertas operaciones. Esta afirmación es similar en los animales.

7-Aquí se distingue que no cada parte de un animal es un animal completo, a diferencia del fuego, donde cada parte conserva todas las operaciones del fuego. En los animales, especialmente los más perfectos, no todas las operaciones se realizan en cada parte.

8-Santo Tomás confirma que la razón presentada muestra que el alma no está presente en cada parte del cuerpo en términos de su capacidad completa, lo cual es cierto.

9-Las partes del alma se entienden en función de su potencia, no de su esencia. Así, tal como el alma está en el cuerpo entero, una parte del alma está en una parte del cuerpo, siendo cada órgano correspondiente a una operación determinada.

10-Santo Tomás indica que la potencia del alma está anclada en su esencia. Por lo tanto, donde hay potencia del alma, allí está su esencia. La afirmación de Aristóteles sobre el ojo es entendida en el contexto de la potencia del alma, no separada de su esencia.

11-Cuando el alma opera en otras partes del cuerpo mediante una única potencia, el cuerpo debe estar dispuesto para que sea proporcionado al ser del alma a través de su acción. Esto significa que la disposición de las otras partes depende de una parte principal, el corazón, de donde emana la vida del resto del cuerpo.

12-El alma no se mueve ni reposa, independientemente del movimiento o reposo del cuerpo, salvo por accidente. Esto no es problemático, ya que algo puede moverse y descansar simultáneamente por accidente, como un objeto que se desplaza en una nave.

13-Aunque todas las potencias del alma tienen su raíz en su esencia, cada parte del cuerpo recibe el alma de acuerdo a su propio modo. Por lo tanto, el alma se presenta de manera diversa en las diferentes partes del cuerpo, sin necesidad de estar presente en cada parte con todas sus potencias.

14-Cuando se dice que algo está en otro según el modo de su capacidad, no se refiere a la naturaleza de lo que está, sino a la capacidad de recibir. Así, el agua no tiene la naturaleza de la jarra en la que está, del mismo modo que el alma no necesita tener la naturaleza del cuerpo en el que reside.

15-Se aclara que los animales anélidos pueden vivir incluso si se les corta una parte, no solo porque el alma está en cada parte del cuerpo, sino porque su alma es imperfecta y tiene pocas funciones, requiriendo menos diversidad en las partes, lo que permite que el alma permanezca en una parte cortada. Esto es diferente en los animales más perfectos.

16-Se señala que la forma de una casa es accidental, no proporciona ser y especie a cada parte como lo hace el alma, que es una forma sustancial del cuerpo, otorgando ser y especie al todo y a las partes.

17-Santo Tomás aclara que, aunque el alma es única y simple en esencia, tiene la capacidad de realizar diversas operaciones. Esta diversidad en las partes del cuerpo responde a las diversas funciones que debe cumplir el alma.

18-Por último, se distingue que la simplicidad del alma y del ángel no debe considerarse como la simplicidad de un punto en un continuo, ya que lo simple no puede ocupar múltiples lugares en el continuo simultáneamente. Tanto el ángel como el alma se consideran simples en cuanto a que carecen de cantidad, y su relación con el continuo es a través del contacto de sus potencias, permitiendo que el alma esté presente en cada parte de su ser perfecto.

11. UNDÉCIMA CUESTIÓN: Si las almas racional, sensible y vegetal en el hombre son sustancialmente una y la misma

> Santo Tomás expone veinte argumentos de diferentes autores, según los cuales parece que en el hombre el alma no es una y sustancialmente la misma

1-El acto del alma determina la existencia del alma misma. En el embrión, la actividad del alma vegetativa precede a la del alma sensitiva, y esta última a la del alma racional. Esto sugiere que, en términos de sustancia, el alma vegetativa es anterior y diferente del alma sensitiva, y esta última es distinta del alma racional.

2-Se podría argumentar que las actividades del alma vegetativa y sensitiva en el embrión provienen de una fuerza externa, la del alma de los padres. Sin embargo, esto es rechazado porque un agente finito (como un padre) no puede influir en algo a una distancia indefinida; los movimientos y operaciones que se observan en el embrión deben provenir de un principio interno, no de la fuerza de los padres.

3-Aristóteles afirma que el embrión es primero un animal antes de ser considerado humano. Como un animal es definido por tener un alma sensitiva, esto implica que el alma sensitiva está presente en el embrión antes de la llegada del alma racional.

4-Vivir y sentir son funciones que requieren un principio interno (el alma). Dado que el embrión tiene vida y sensaciones antes de tener un alma racional, estas actividades no pueden ser atribuidas a un alma exterior (la de los padres), sino a un alma que ya está presente en el embrión.

5-Aristóteles enseña que el alma es causa del cuerpo vivo no solo como forma, sino también como causa eficiente y final. Si esto es cierto, entonces el alma debe estar presente en el cuerpo en formación antes de la infusión del alma racional. Por lo tanto, debe haber un alma en el embrión antes de que se le infunda el alma racional.

6-La formación del cuerpo debe ser atribuida al alma que está en el embrión, no a la del padre. Dado que un cuerpo vivo se mueve por sí mismo y su generación es un tipo de movimiento, el principio que lo forma debe ser el alma que está dentro del embrión.

7-El embrión crece, lo cual es un tipo de movimiento. Como los seres vivos se mueven por sí mismos, esto implica que debe haber un principio interno (el alma) que sea responsable de este crecimiento y que no provenga de una influencia externa.

8-Aristóteles señala que en el embrión hay un alma que primero es nutritiva y luego sensitiva. Esto implica que ya hay una forma de alma presente, lo que refuerza la idea de que el embrión tiene un principio interno.

9-Se podría alegar que Aristóteles se refiere a que el alma en el embrión está en potencia, no en acto. Sin embargo, solo las entidades en acto pueden actuar. Dado que el embrión muestra acciones de alma, debe haber un alma presente en acto.

10-No puede haber una contradicción entre lo que proviene de fuentes externas e internas. Si el alma racional se considera externa al hombre, mientras que las almas vegetativa y sensitiva son internas (provenientes del semen), entonces no pueden ser la misma sustancia.

11-No es posible que lo que es sustancial en un ser sea solo un accidente en otro. Si el alma sensitiva es sustancial en los animales brutos, no puede ser solo potencial en los humanos, ya que las potencias son propiedades accidentales del alma.

12-Dado que el ser humano es un animal más noble que los animales brutos, y dado que se define como tal por tener un alma sensitiva, es lógico concluir que el alma sensitiva en el hombre es una sustancia por sí misma, no solo un principio potencial.

13-No puede haber una identidad sustancial entre lo corruptible e incorruptible. Mientras que el alma racional es incorruptible, las almas sensitiva y vegetativa son corruptibles, lo que indica que no pueden ser la misma sustancia.

14-Podría afirmarse que el alma sensitiva del hombre es incorruptible. Sin embargo, esto implica que sería de una naturaleza diferente a la del alma sensitiva en otros animales. Por lo tanto, si son de géneros diferentes, no puede ser que pertenezcan a la misma especie.

15-No es posible que lo que es racional y lo que es irracional sean la misma sustancia, ya que esto sería contradictorio. Dado que las almas sensitiva y vegetativa son irracionales, no pueden ser lo mismo que el alma racional.

16-El cuerpo está relacionado con el alma. Sin embargo, hay diversas funciones dentro del cuerpo que requieren diferentes principios de operación. Esto sugiere que no puede haber solo un alma en el ser humano.

17-Las potencias del alma emanan de su esencia. Sin embargo, de una única esencia no pueden derivar diferentes potencias; si hay una única alma en el ser humano, no podrían existir potencias asociadas a órganos y potencias no asociadas.

18-La definición de una especie se basa en la materia y en la forma. El género del hombre es "animal" y su diferencia es "racional". Si el hombre se define por el alma sensitiva, entonces el alma sensitiva debe compararse a la racional como la materia se compara a la forma, lo que implica que no son la misma sustancia.

19-Tanto el hombre como el caballo pertenecen al género "animal", definido por el alma sensitiva. Sin embargo, si el alma sensitiva en los caballos no es racional, entonces tampoco lo es en el hombre.

20-Si las almas racional, sensitiva y vegetativa son idénticas en sustancia, entonces donde haya una de ellas, debe haber todas. Sin embargo, esto es falso; por ejemplo, en los huesos solo hay un principio nutritivo (vegetativo), no sensitivo, lo que prueba que no son idénticas en sustancia.

> A continuación, Santo Tomás expone un argumento de autoridad según el cual en el hombre, el alma es una y la misma sustancia racional, sensitiva y vegetativa.

Este argumento en contra se basa en una afirmación del sacerdote Genadio (segunda mitad del siglo V) en su obra *De ecclesiasticis dogmatibus*, según el cual no puede haber dos almas en un solo ser humano, como algunos (mencionando a Iacobus y otros sirios) han sugerido. En lugar de aceptar esta idea de dos almas —una que anima el cuerpo y otra que se relaciona con la razón—, el argumento defiende que hay una única alma en el ser humano.

La explicación del argumento es la siguiente:

1-Unidad del alma. Se sostiene que un ser humano no puede tener más de una alma. La afirmación central es que hay una sola alma que se encarga de vivificar el cuerpo y, al mismo tiempo, dispone y organiza sus funciones mediante la razón.

2-Funciones del alma. Este argumento enfatiza que el alma no solo es responsable de dar vida al cuerpo, sino que también actúa como el principio que ordena y dirige las capacidades racionales del ser humano. En otras palabras, se argumenta que el alma humana tiene una doble función: por un lado, actúa como fuerza vital, y por otro, se ocupa de las capacidades intelectuales y racionales.

3-Refutación de la pluralidad. Al afirmar que hay una sola alma, el argumento refuta la idea de que podrían coexistir dos almas en un solo cuerpo humano (una que animaría y otra que razonaría). Al insistir en la unidad del alma, se sugiere que todas las capacidades y funciones del ser humano (vegetativas, sensitivas y racionales) provienen de esta única alma.

4-Implicaciones filosóficas. La implicación más profunda de este argumento es que la distinción entre las almas vegetativa, sensitiva y racional no significa que haya múltiples almas; en cambio, significa que una única alma puede manifestar diferentes potencias y funciones en distintos contextos.

> A continuación, Santo Tomás ofrece su propia respuesta a la Cuestión planteada

Santo Tomás de Aquino reconoce que existen diferentes posturas sobre la naturaleza del alma, tanto entre pensadores contemporáneos como entre filósofos antiguos. Menciona a Platón, quien propuso que hay diversas almas en el cuerpo humano. Según Platón, el alma se une al cuerpo como un motor que mueve, no como una forma que lo define. Compara la relación entre el alma y el cuerpo con la de un marinero y un barco, donde se requieren diferentes motores (almas) para diversas acciones, pero esto no contradice la unidad del barco.

A pesar de que Platón parece permitir múltiples almas en un solo cuerpo, Santo Tomás argumenta que esto implica que el ser humano no sería una unidad simple, lo que contradice la noción de que un individuo es una entidad singular. Si el alma solo actúa como motor, entonces la unión entre el alma y el cuerpo no sería esencial y, por ende, no habría verdadera generación o corrupción cuando un cuerpo adquiere o pierde un alma. Santo Tomás concluye que el alma debe unirse al cuerpo no solo como motor, sino también como forma, lo que significa que el alma es esencial para la naturaleza del ser humano.

Aun aceptando que el alma es una forma, los seguidores de Platón mantendrían que pueden existir múltiples almas en un ser humano y animal, ya que postulan que los universales (como la idea de "animal") son formas separadas. Esta idea sugiere que hay una forma (alma) para cada tipo de ser. Por ejemplo, Sócrates sería un animal por una forma y un humano por otra, lo que llevaría a que las almas sensibles y racionales sean sustancialmente diferentes.

Santo Tomás refuta esto afirmando que no puede existir una unidad a partir de múltiples formas sustanciales. Si algo se define por diferentes formas, eso lleva a que las afirmaciones sobre su naturaleza son meramente accidentales, lo que niega la verdadera identidad del ser. Si se dice que algo es "hombre" y "animal" bajo diferentes formas, eso implica que una forma predica de la otra de manera accidental. Esto crea confusión sobre la verdadera naturaleza de lo que se está describiendo.

Para que un ser sea considerado una unidad, debe haber un principio que una las diversas formas; de lo contrario, se convertiría en una mera colección, como un montón de objetos que son muchos en uno, pero no son un único ser. El argumento sostiene que si el alma sensible de un individuo lo define como "animal", entonces debe ser una forma sustancial. Esto implica que esta alma debe otorgar verdadera existencia a su cuerpo, no solo en un sentido relativo.

Si el alma racional fuera diferente en esencia, no podría otorgar existencia o ser al cuerpo, sino que solo le daría existencia relativa, lo que la convertiría en una forma accidental y no sustancial. Santo Tomás concluye que en el ser humano debe haber solo un alma sustancial que sea racional, sensible y vegetativa. La razón es que la forma racional integra y perfecciona las otras formas, dando a la materia lo que necesita para ser un ser completo.

Finalmente, él señala que cuando una potencia del alma se intensifica, puede interferir con la operación de otra, lo que sugiere que todas las potencias deben estar radicadas en una única esencia del alma, confirmando la unidad del alma en el ser humano.

> A continuación, Santo Tomás responde a cada uno de los veinte argumentos según los cuales parece que en el hombre el alma no es una y la misma sustancia racional, sensitiva y vegetativa

1-Santo Tomás aborda la idea de que antes de la existencia del alma racional en el embrión, éste solo tiene una "virtud formativa" proveniente del alma del padre. Aclara que, aunque esta "virtud" puede ser responsable de ciertas operaciones en el embrión, no explica todas sus funciones. En realidad, el embrión presenta no solo formación corporal, sino también capacidades como el crecimiento y la percepción, que son propias del alma. Propone que esta "virtud" puede considerarse una parte del alma en desarrollo, pero no puede ser vista como un alma completa, ya que el embrión no es un ser humano completo. Por lo tanto, se sostiene que el embrión debe tener un desarrollo que incluya varias etapas de generación, cada una con una forma que se va perfeccionando, desde un alma vegetativa hasta una racional.

2-En esta objeción, se discute la naturaleza de la "virtud" en el semen del padre, que actúa de manera intrínseca y no extrínseca. Santo Tomás sostiene que, a diferencia de una fuerza externa que solo puede afectar dentro de ciertos límites, la "virtud" del semen puede generar vida sin importar la distancia. Resalta que, aunque se ha argumentado que la madre no es el principio activo, la influencia del semen es lo que permite el desarrollo del embrión.

3-La "virtud" presente en el semen se equipara con la esencia del alma, permitiendo así que el embrión sea considerado un animal. Esto muestra que, aunque el embrión esté en una etapa de desarrollo, tiene la capacidad de ser reconocido como un ser vivo.

4 al 8-Santo Tomás indica que las respuestas a las objeciones 4 a 8 son similares y se basan en la misma lógica: se reconoce que el alma del

embrión, aunque sea imperfecta, actúa en él de manera que se puede observar el desarrollo de funciones básicas.

9-Aquí se afirma que, aunque el alma está presente en el embrión, lo hace de manera imperfecta, lo que también se refleja en sus operaciones. Esto significa que las capacidades del embrión son limitadas en comparación con un ser humano desarrollado.

10-La naturaleza del alma en el hombre, que abarca tanto la vegetativa como la sensible y la racional, es de origen externo. Esto contrasta con los animales, cuya alma sensible es intrínseca y está definida en función de su naturaleza.

11-Se aclara que el alma sensible en el ser humano no es un accidente, sino una sustancia, ya que comparte la misma esencia con el alma racional. Sin embargo, las capacidades sensitivas son accidentales, lo que significa que pueden variar o no ser esenciales para la identidad del ser.

12-Se argumenta que el alma sensible en el ser humano tiene una dignidad superior en comparación con los animales, ya que en el hombre, la sensibilidad está acompañada por la racionalidad, lo que no ocurre en otros seres vivos.

13-Santo Tomás sostiene que el alma sensible en el ser humano es incorruptible, ya que su sustancia es la del alma racional. Aunque algunos pueden pensar que las capacidades sensitivas son corruptibles, la esencia del alma permanece.

14-Si se compara el alma sensible de los humanos y la de los animales, no son del mismo tipo en términos de género o especie, a menos que se trate de una comparación lógica en algún sentido abstracto. Las almas sensibles son compuestas y, por lo tanto, son corruptibles.

15-Se distingue que el alma sensible en el ser humano no es irracional, sino que es simultáneamente sensible y racional. Aunque algunas de sus capacidades pueden parecer irracionales, están al servicio de la razón.

16-Aunque existen múltiples órganos en el cuerpo que realizan diversas funciones del alma, todos dependen del corazón como su órgano principal, lo que refuerza la idea de una unidad en la esencia del alma.

17-Las potencias que emanan del alma humana se manifiestan a través de los órganos, pero también hay capacidades que van más allá de lo corporal, indicando la dualidad de la naturaleza del alma.

18-Se argumenta que una sola forma puede dar diferentes grados de perfección a la materia. A medida que el cuerpo se desarrolla, sigue siendo material hasta alcanzar la perfección en el ser sensible, mostrando que la esencia del animal se deriva de la materia, mientras que la racionalidad proviene de la forma.

19-Se aclara que, en la clasificación de los seres, el animal como tal no es ni racional ni irracional, pero el ser humano (animal racional) es diferente a los animales irracionales.

20-Aunque las operaciones del alma sensible y vegetativa son diferentes, no se requiere que se manifiesten simultáneamente. Las distintas funciones pueden expresarse a través de diferentes partes del cuerpo, como la vista a través de los ojos o el oído a través de las orejas.

12. DUOCÉDIMA CUESTIÓN: Si el alma es sus potencias

> Santo Tomás expone diecisiete argumentos de diversos autores, según los cuales parece que el alma es sus potencias

1-El primer argumento, tomado del libro *De spiritu et anima* (ver Nota 5), establece que las potencias del alma son idénticas a ella misma, ya que las virtudes del alma (como la prudencia y la justicia) no son accidentales, sino que se consideran partes esenciales de su ser. Esto implica que el alma es sus potencias.

2-En el segundo argumento, se señala que el alma recibe diferentes nombres según sus funciones (vegetativa, sensitiva, racional, etc.), pero no hay cambio en su esencia. Esto refuerza la idea de que, a pesar de sus diferentes acciones, el alma es la misma en todas sus potencias.

3-El tercer argumento afirma que las tres capacidades (memoria, inteligencia y voluntad) son el alma misma, y se extiende esta noción a las demás potencias. Esto implica que el alma no puede ser separada de sus potencias, ya que estas son constitutivas de su ser.

4-En el cuarto argumento, se cita a San Agustín, quien sostiene que memoria, inteligencia y voluntad son una sola esencia del alma. Esto implica que las potencias no son accidentales, sino que son fundamentales para la naturaleza del alma.

5-El quinto argumento sostiene que, dado que las potencias pueden actuar no solo sobre el alma, sino también sobre otros objetos, no pueden ser consideradas simples accidentes. Por lo tanto, deben ser vistas como partes esenciales del alma.

6-El sexto argumento relaciona la imagen de la Trinidad con las potencias del alma, sugiriendo que estas son intrínsecas a la naturaleza del alma. Esto implica que las potencias son esenciales para entender la esencia del alma.

7-En el séptimo argumento, se afirma que las potencias del alma son necesarias e intrínsecas, ya que no pueden estar ausentes. Esto refuerza la idea de que son parte esencial del alma, no meramente accidentes.

8-El octavo argumento establece que las potencias del alma son principios de diferencias sustanciales. Esto implica que no son meros accidentes, sino que son fundamentales para definir la naturaleza del alma y su relación con el cuerpo.

9-En el noveno argumento, se sostiene que la forma sustancial, que es el alma, actúa a través de sus potencias. Esto implica que las potencias no son diferentes del alma misma, sino que son su forma de actuar y existir.

10-El décimo argumento dice que el principio de ser y operar es el mismo en el alma, sugiriendo que su esencia es el fundamento de sus potencias. Esto implica que el alma es su potencia, ya que esta es el principio de sus acciones.

11-En el undécimo argumento, se menciona que el alma es tanto intelecto posible como agente, y que su existencia en potencia y acto se refiere a la misma realidad del alma. Esto refuerza la idea de que el alma es inseparable de sus potencias.

12-El duodécimo argumento compara el alma a la materia prima, indicando que, al igual que esta es potencial para las formas, el alma es potencial para las realidades intelectuales. Esto implica que el alma es sus potencias, dado que son lo que le permite realizar su naturaleza.

13-En el decimotercer argumento, se afirma que el ser humano es intelecto en función de su alma racional, lo que implica que el alma y su potencia de entender son una y la misma cosa.

14-El decimocuarto argumento sostiene que el alma es el acto primero de sus operaciones, sugiriendo que actúa a través de sus potencias. Esto implica que el alma no puede ser separada de sus potencias, ya que estas son las formas a través de las cuales actúa.

15-El decimoquinto argumento establece que las potencias son partes consubstanciales del alma. Esto implica que son esenciales para la constitución del alma y no meros accidentes.

16-El decimosexto argumento señala que la forma simple, como el alma, no puede ser sujeto de accidentes. Esto implica que las potencias del alma son intrínsecas y no accidentales.

17-En el decimoséptimo argumento, se plantea que si las potencias fueran accidentes del alma, deberían derivar de su esencia. Sin embargo, dado que el alma es simple, no puede ser causa de la diversidad que se observa en sus potencias. Esto refuerza la conclusión de que el alma es en sí misma sus potencias.

> A continuación, Santo Tomás expone dos argumentos de autoridad según los cuales el alma no es sus potencias

1-Se establece una relación de analogía entre la esencia y el ser, y entre el poder *(potentia)* y la acción. Se argumenta que, así como ser y actuar son interdependientes en su relación, también lo son potencia y esencia. La conclusión que se deriva es que, si en Dios la esencia y el ser son idénticos, entonces la esencia y la potencia también deben ser idénticas en Dios. Por lo tanto, se concluye que el alma no es su potencia, ya que la identificación de potencia y esencia solo se encuentra en Dios.

2-Se afirma que ninguna cualidad es sustancia, y se señala que la potencia natural es un tipo de cualidad. Esto se basa en la clasificación de las cualidades en los predicamentos aristotélicos. Dado que las potencias naturales son cualidades y no sustancias, se concluye que las potencias del alma no son su esencia, ya que no pueden ser consideradas como parte constitutiva de su ser. Esto refuerza la idea de que el alma no se identifica con sus potencias, sino que son distintas a su esencia.

> A continuación, Santo Tomás ofrece su propia respuesta a la Cuestión planteada

Santo Tomás comienza señalando que hay diversas opiniones sobre la cuestión de si el alma es su propia potencia. Algunos sostienen que el alma es efectivamente su potencia, mientras que otros argumentan que las potencias del alma son simplemente propiedades de la misma. Esta introducción establece que existe un debate en torno a la relación entre el alma y sus potencias.

A continuación, define qué es la potencia, afirmando que no es más que un principio de operación, ya sea de acción o de pasión. Aquí, Santo Tomás distingue entre el principio que actúa y el que recibe la acción, subrayando que la potencia no es el sujeto que realiza la acción, sino el principio a través del cual se realiza. Utiliza ejemplos como la "artesanía constructiva" en el constructor y el "calor" en el fuego para ilustrar cómo la potencia se manifiesta en la acción.

Luego, aborda la perspectiva de aquellos que afirman que el alma es su potencia, explicando que se entiende que la esencia del alma es el principio inmediato de todas sus operaciones. Por tanto, se sostiene que el ser humano actúa (entiende, conoce, siente, etc.) a través de su esencia. Cada tipo de acción se denomina de acuerdo a la operación que realiza, como el sentido en relación al sentir y el intelecto en relación al entender.

Sin embargo, Santo Tomás refuta esta opinión, señalando que todo lo que actúa lo hace según su realidad actual. Es decir, un agente actúa según lo que es en ese momento. Utiliza el fuego como ejemplo, que calienta no en virtud de su luz, sino por su calor. Esto implica que el principio de acción debe corresponder a la naturaleza del agente, por lo que, al actuar, este debe estar en conformidad con su esencia.

Explica que, dado que lo que actúa no se refiere a la esencia sustancial de la cosa, no puede ser que el principio de acción sea parte de la esencia de la misma. Esto se hace evidente en los agentes naturales, que operan mediante la transformación de la materia a una forma, lo que implica que la acción se produce a través de un principio accidental que corresponde a la disposición de la materia.

Santo Tomás continúa aclarando que la forma accidental actúa en virtud de la forma sustancial, como un instrumento, de lo contrario, no podría inducir una forma sustancial. En la naturaleza, no se observan principios de acción sin cualidades activas y pasivas que operan mediante formas sustanciales, sugiriendo que las acciones no solo se dirigen a disposiciones accidentales, sino también a formas sustanciales.

A continuación, menciona que si existiera un agente que pudiera producir sustancialmente algo de forma directa (como Dios, que crea sustancias), tal agente actuaría por su propia esencia, y en tal caso no habría distinción entre potencia activa y esencia.

Sobre la potencia pasiva, señala que la potencia pasiva que se dirige a un acto sustancial pertenece al género de la sustancia, mientras que la que se dirige a un acto accidental pertenece al género del accidente de manera reducida. Esto implica que hay distinciones en cómo se clasifica la potencia según su relación con el acto correspondiente.

Luego, sostiene que las potencias del alma, sean activas o pasivas, no se consideran en relación directa con algo sustancial, sino con algo accidental. Esto lleva a concluir que el acto de entender o sentir no es un ser sustancial, sino que es accidental, con lo que se relacionan las funciones del intelecto y los sentidos.

Aunque las potencias generativa y nutritiva están orientadas hacia la producción o conservación de la sustancia, esto ocurre mediante la transformación de la materia. Así, su acción, como la de otros agentes naturales, tiene lugar a través de un principio accidental, mostrando que las potencias del alma operan mediando principios accidentales.

Santo Tomás reafirma que la esencia del alma no es el principio inmediato de sus operaciones. En lugar de eso, el alma actúa a través de principios accidentales, lo que implica que las potencias del alma no son su esencia, sino propiedades de ésta.

Finalmente, concluye que la diversidad de las acciones del alma, que son de diferentes tipos y no pueden reducirse a un único principio inmediato, apoya su argumento. Dado que algunas acciones son activas y otras pasivas, deben atribuirse a diferentes principios. Por lo tanto, aunque la esencia del alma es un principio, no puede ser el principio inmediato de todas sus acciones; es necesario que el alma posea múltiples potencias que correspondan a la diversidad de sus acciones.

> A continuación, Santo Tomás responde a cada uno de los diecisiete argumentos expuestos inicialmente, que consideraban que el alma es sus potencias

1-Santo Tomás aclara que el libro mencionado, *De spiritu et anima,* no es de San Agustín, sino que se atribuye a un autor cisterciense. También señala que no es relevante preocuparse demasiado por lo que se dice en ese libro. Si se acepta la idea de que el alma es su propia potencia, se puede argumentar que las potencias del alma son propiedades naturales. Santo Tomás utiliza la comparación de que así como el calor, la luz y la ligereza son aspectos del fuego, las potencias del alma son diversas, pero se originan de una única alma.

2-Del mismo modo procede responder a los argumentos segundo, tercero y cuarto.

5-Se aclara que un accidente no supera al sujeto en su existencia, pero puede hacerlo en su acción. Por ejemplo, el calor del fuego puede afectar a objetos externos. Las potencias del alma pueden excederla en cuanto a su capacidad de entender y amar no solo a sí misma, sino también a otras cosas. Santo Tomás refuta la comparación que hace San Agustín entre el conocimiento y el amor en relación a la mente, argumentando que esto implica que el alma no podría conocer o amar nada fuera de sí misma, lo que es erróneo.

6-La imagen de la Trinidad en el alma se comprende no solo en términos de potencias, sino también de esencia. Esto significa que, aunque las potencias son distintas, la esencia del alma es única, al igual que la esencia divina se presenta en tres personas. Si el alma fuera solo su potencia, no habría una verdadera distinción entre las potencias.

7-Santo Tomás clasifica los accidentes en tres tipos: aquellos que derivan de la especie, los que dependen del individuo y los que son separables o inseparables. Los accidentes no son parte de la esencia de una cosa y no pueden definirse sin considerar su esencia. Esto significa que se puede entender qué es el alma sin considerar sus potencias, pero no se puede concebir el alma sin ellas.

8-Se explica que las distinciones entre lo sensible y lo racional no se derivan directamente del sentido o del intelecto, sino de la naturaleza de las almas sensibles e intelectuales. Esto enfatiza que el alma posee capacidades que van más allá de estas distinciones.

9-Santo Tomás hace referencia a la argumentación presentada previamente que muestra por qué la forma sustancial no actúa como un principio inmediato en los agentes inferiores.

10-La esencia del alma es el principio de la acción, pero es un principio primario, no inmediato. Las potencias operan gracias a la virtud del alma, similar a cómo las cualidades de los elementos actúan a través de sus formas sustanciales.

11-La propia alma es potencialmente capaz de las formas inteligibles. Sin embargo, esta capacidad no es la esencia del alma, así como la potencia de ser estatua no define la esencia del material del que está hecha.

12-La materia prima tiene el potencial de recibir la forma sustancial, lo que significa que su esencia está ligada a esta potencialidad.

13-La afirmación de que el hombre es su intelecto se interpreta como que el intelecto es lo más elevado en el ser humano. No implica que la esencia del alma sea solo la potencia intelectual.

14-La similitud entre el alma y el conocimiento se establece porque ambos son actos primeros, pero esto no significa que el alma sea el principio inmediato de todas las operaciones como lo es el conocimiento.

15-Las potencias del alma no son partes esenciales que constituyan la esencia del alma, sino que son partes potenciales. La virtud del alma se distingue a través de estas potencias.

16-Santo Tomás explica que una forma simple, que no es subsistente o que es acto puro, no puede ser el sujeto de un accidente. Sin embargo, el alma humana es una forma subsistente y no es un acto puro, lo que le permite ser sujeto de ciertas potencias, como las del intelecto y la voluntad. Las potencias sensitivas y nutritivas residen en el cuerpo como su sujeto.

17-Aunque el alma es única en esencia, contiene tanto potencia como acto, lo que le permite relacionarse de diversas maneras con las cosas. Esta capacidad de relacionarse de diferentes maneras con el cuerpo permite que de una única esencia del alma surjan diversas potencias.

13. DÉCIMO TERCERA CUESTIÓN: Si las potencias del alma se distinguen entre sí por sus objetos

> Santo Tomás expone veinte argumentos de distintos autores, según los cuales parece que las potencias del alma no se distinguen por los objetos

1-Los opuestos son lo que más difiere. Sin embargo, el hecho de que dos objetos (como el blanco y el negro) sean contrarios no implica que se diferencien las potencias que los perciben (en este caso, la vista). Por lo tanto, concluye que no hay una distinción en las potencias del alma basada en la diversidad de los objetos.

2-Se hace una comparación entre las diferencias sustanciales y accidentales. El hombre y la piedra difieren sustancialmente, mientras que el sonido y el color son diferencias accidentales. Dado que ambos tipos de objetos se relacionan con la misma potencia, se sostiene que la diversidad de los objetos no causa una diferencia en las potencias.

3-Este argumento plantea que si la diferencia de los objetos fuera la causa de la diversidad en las potencias, entonces la identidad de un objeto debería resultar en la identidad de la potencia. Sin embargo, el mismo objeto puede ser objeto de diferentes potencias (por ejemplo, lo que se entiende y lo que se desea). Esto demuestra que la diferencia de los objetos no causa una diversidad de potencias.

4-Se establece que si diferentes objetos provocan diferentes potencias, entonces la misma causa debería dar lugar a efectos similares. Sin embargo, vemos que algunos objetos se relacionan con diversas potencias y también pueden relacionarse con la misma potencia (como el sonido y el color, que se perciben tanto por la imaginación como por el intelecto). Por lo tanto, la diferencia de los objetos no es causa de la diversidad en las potencias.

5-Se argumenta que los hábitos son perfecciones de las potencias. Como las potencias se distinguen por sus hábitos, no pueden diferenciarse según los objetos. Esto sugiere que la clasificación debe hacerse según el perfeccionamiento que cada potencia puede alcanzar.

6-Se afirma que las potencias del alma existen en los órganos corporales, que son los receptores. Por lo tanto, deben distinguirse según los órganos y no según los objetos que perciben.

7-Se sostiene que las potencias del alma no son la esencia misma del alma, sino propiedades derivadas de ella. Dado que todas las propiedades se originan en una sola esencia, debe haber una única potencia que se deriva directamente de la esencia del alma, de la que fluyen otras potencias en un orden determinado. Esto implica que las potencias se diferencian por su origen, no por sus objetos.

8-Se plantea que si las potencias del alma son diferentes, una debe derivar de otra. Sin embargo, todas las potencias existen simultáneamente, lo que implica que no puede haber una jerarquía de origen entre ellas. Esto refuerza la idea de que no se pueden distinguir las potencias por la diversidad de objetos.

9-Cuanto más elevada es una sustancia, más unificada es su virtud (fuerza o capacidad interna de un ente para realizar sus actos conforme a su naturaleza). Dado que el alma es superior a los seres inferiores, su virtud es más única y no se multiplica por la diversidad de objetos.

10-Si las potencias del alma se diferenciaban según los objetos, se esperaría que hubiera un orden en las potencias correspondiente al orden de los objetos. No obstante, se observa que el intelecto (con objetos sustanciales) es posterior al sentido (con objetos accidentales), lo que indica que la distinción no se puede establecer simplemente por la diversidad de objetos.

11-Todo lo que es apetecible es o sensible o inteligible. Como el intelecto y el sentido son las potencias que buscan su perfección, no es necesario postular una potencia apetitiva distinta de las sensitivas y del intelecto.

12-El apetito se manifiesta en la voluntad (inteligente) y en los apetitos irascible y concupiscible (sensitivos). Por lo tanto, no hay necesidad de considerar la potencia apetitiva por separado de las potencias sensibles e intelectuales.

13-Se menciona que los principios del movimiento en los animales son el sentido, la imaginación, el intelecto y el apetito. Como las potencias son las que inician el movimiento, esto indica que no existe una potencia motora independiente de las cognitivas y apetitivas.

14-Las potencias del alma no están orientadas a algo superior a la naturaleza, ya que las potencias atribuidas al alma vegetativa están dirigidas a funciones naturales como la conservación de la especie. Por lo tanto, no son relevantes para clasificar las potencias del alma.

15-Dado que la virtud del alma es más elevada que la de la naturaleza, es más probable que opere a través de una sola virtud que a través de múltiples potencias, contradiciendo la idea de que las potencias generativa, nutritiva y de crecimiento sean diferentes.

16-Se sostiene que, dado que los sentidos son cognoscitivos de los accidentes y que algunos accidentes son más diferentes entre sí que otros (como el sonido y el color), si las potencias se distinguen por la diversidad de objetos, deberían distinguirse aún más por estos otros accidentes.

17-Se postula que cada género tiene una única contrariedad principal. Si las potencias sensoriales se diversifican según los diversos géneros de cualidades posibles, habría que aceptar que cada contrariedad implica potencias distintas. Sin embargo, esto no se observa en todos los sentidos, como en el caso del tacto.[8]

18-Se argumenta que la memoria y el sentido no son potencias completamente separadas, sino que la memoria se entiende como una función particular de la capacidad sensorial básica. Según Aristóteles, **aunque el sentido y la memoria se relacionan con diferentes tipos de objetos**—el sentido percibe lo presente y la memoria retiene lo pasado—**esto no significa que requieran dos facultades completamente independientes.**

En términos simples, Aristóteles sugiere que la memoria es una extensión o un uso particular del sentido: el sentido capta una impresión de algo presente, y luego la memoria permite conservar esa impresión en el tiempo. Así, aunque el sentido y la memoria traten con diferentes aspectos temporales (presente vs. pasado), ambos dependen de una misma capacidad sensorial básica. En lugar de ver la memoria como una facultad separada, Aristóteles la considera una función de la misma potencia sensorial que ya permite percibir.

19-Se establece que todos los objetos conocidos a través del sentido también son conocidos a través del intelecto, y si las potencias sensoriales se diferenciaran según la pluralidad de los objetos, entonces el intelecto también debería diferenciarse en distintas potencias, lo cual es falso.

20-Finalmente, se menciona que el intelecto posible y el agente son diferentes potencias, pero ambos comparten el mismo objeto. Esto refuerza la idea de que las potencias no se distinguen según la diversidad de los objetos.

> A continuación, Santo Tomás expone dos argumentos de autoridad según los cuales las potencias del alma se distinguen por los objetos

1-En este argumento se afirma que las potencias (o capacidades) del alma se distinguen a través de sus actos, y que los actos, a su vez, se distinguen según los objetos a los que se refieren. Se hace referencia a una jerarquía en la que las potencias del alma (como el sentido, la imaginación, la razón, etc.) se definen y diferencian en función de las acciones o funciones que desempeñan, y estas acciones están determinadas por los objetos que estas potencias conocen o perciben.

Esto significa que, por ejemplo, la potencia de la vista se activa y se distingue de otras potencias a través de su acto de ver, que tiene como objeto los colores y las formas. De esta manera, la naturaleza de cada potencia se revela en cómo actúa, y esos actos son relevantes dependiendo de los objetos a los que están dirigidos.

2-En este argumento, se sostiene que las cosas que pueden ser perfeccionadas se distinguen por las perfecciones que alcanzan. Se dice que los objetos son las perfecciones de las potencias, lo que implica que los objetos hacia los que estas potencias tienden son, en cierto sentido, lo que las define y determina.

Esto significa que, si consideramos, por ejemplo, el objeto del conocimiento (la verdad) como una perfección de la potencia cognitiva, entonces las potencias se diferenciarían según los diferentes objetos que pueden alcanzar (como el sentido, que se dirige a lo sensible, y el intelecto, que se dirige a lo inteligible. Sin embargo, como en el primer argumento, se sostiene que, a pesar de que los objetos son relevantes para entender los actos de las potencias, no son la causa de la diversidad de las potencias en sí mismas.

A continuación, Santo Tomás ofrece su propia respuesta a la Cuestión planteada

Santo Tomás responde a la pregunta de si las potencias del alma se distinguen unas de otras según sus objetos afirmando que sí, debido a la relación que existe entre la potencia y el acto. Explica que una potencia se define en función de su acto, y que este acto a su vez se especifica según su objeto. Por lo tanto, la diversidad de los actos, y en última instancia de las potencias, depende de la diferencia de los objetos.

Sigue una lógica en la que, si el objeto de una potencia es activo, entonces actúa sobre la potencia de manera pasiva (como los objetos que percibimos en los sentidos). Si el objeto es pasivo, la potencia actúa sobre él como un fin (por ejemplo, en las potencias activas del alma). Esto lleva a que cada acto tenga su propia especificidad dependiendo del tipo de objeto con el que está relacionado. De ahí, surge la conclusión de que las potencias del alma se distinguen según los diferentes tipos de objetos con los que interactúan.

Luego, establece una clasificación en tres niveles de acción del alma: la vida vegetativa, la sensitiva y la intelectiva, y cada una tiene distintas potencias según sus funciones específicas:

1-Vegetativa: Corresponde a la vida básica de los seres vivos, abarcando funciones como la generación, el crecimiento y la nutrición, necesarias para la existencia y conservación del organismo.

2-Sensitiva: Involucra las potencias que permiten la percepción de los objetos a través de los sentidos y la capacidad de reaccionar ante ellos. Aquí incluye las funciones de los sentidos externos, como la vista y el oído, así como las internas, como la memoria y la imaginación.

3-Intelectiva: Es la más elevada y permite a la persona captar las esencias de las cosas de manera abstracta, más allá de las condiciones materiales.

Esta distinción de las potencias en función de sus objetos es esencial en la teoría de Santo Tomás para comprender cómo el alma humana realiza distintas operaciones según la naturaleza del objeto al que se enfrenta.

> A continuación, Santo Tomás responde a cada uno de los veinte argumentos según los cuales parece que las potencias del alma no se distinguen por los objetos

1-Dado que los contrarios difieren en gran medida, pero pertenecen al mismo género. La diversidad de los objetos según el género corresponde a la diversidad de las potencias, ya que el género es, en cierto modo, potencia. Por ello, los contrarios se relacionan con la misma potencia.

2-Aunque el sonido y el color son accidentes diversos, sin embargo, difieren en relación a la mutación del sentido; en cambio, el hombre y la piedra no, ya que ambos afectan el sentido de la misma manera. Por lo tanto, el hombre y la piedra difieren por accidente en cuanto son percibidos, aunque difieran por sí mismos en cuanto son sustancias. No hay razón para que haya alguna diferencia que sea por sí misma en relación a un género y por accidente en relación a otro; así, el blanco y el negro difieren por sí mismos en el género del color, pero no en el género de las sustancias.

3-La misma cosa se compara a diferentes potencias del alma no según la misma razón del objeto, sino según otras distintas.

4-Cuanto más alta es una potencia, más se extiende; por lo tanto, tiene una razón de objeto más general. Así, algunas cosas coinciden en la razón del objeto de una potencia superior, que se distinguen en la razón del objeto en cuanto a potencias inferiores.

5-Los hábitos no son perfecciones de las potencias por las cuales son potencias, sino como algo que tiene cierta relación con aquello para lo cual son, es decir, con los objetos. Por lo tanto, las potencias no se distinguen según los hábitos, sino según los objetos; así tampoco las cosas artificiales se distinguen según los objetos, sino según los fines.

6-Las potencias no son por los órganos, sino más bien al revés; por lo tanto, los órganos se distinguen más según los objetos que viceversa.

7-El alma tiene un fin principal, como el bien inteligible del alma humana. Sin embargo, tiene otros fines ordenados a este fin último, como lo sensible se ordena a lo inteligible. Y dado que el alma se ordena a sus objetos a través de las potencias, se deduce que también la potencia sensitiva está en el hombre en función de la intelectiva, y así sucesivamente con las demás. Por lo tanto, según la razón del fin, una potencia del alma surge de otra en relación con los objetos. Así, distinguir las potencias del alma por su origen y por los objetos no es contrario.

8-Aunque un accidente no puede ser por sí mismo el sujeto de otro accidente, sin embargo, el sujeto se sujeta a un accidente a través de otro; así, el cuerpo se relaciona con el color a través de la superficie. Por lo tanto, un accidente surge de un sujeto a través de otro, y una potencia surge de la esencia del alma a través de otra.

9-Un alma tiene en virtud una capacidad más amplia que un ser natural; así, la vista capta todas las cosas visibles. Sin embargo, el alma, por su nobleza, tiene muchas más operaciones que un ser inanimado; por lo tanto, debe tener más potencias.

10-El orden de las potencias del alma es según el orden de los objetos. Pero en ambos casos se puede considerar el orden ya sea según la perfección, así que el intelecto es anterior al sentido; o según la vía de generación, y así el sentido es anterior al intelecto, porque en la vía de generación primero se da la disposición accidental que la forma sustancial.

11-El intelecto naturalmente apetece lo inteligible como tal; de hecho, el intelecto apetece naturalmente entender, y el sentido sentir. Pero dado que la cosa sensible o inteligible no solo es apetecida para ser sentida o entendida, sino también para otra cosa, es necesario que además del sentido y el intelecto exista una potencia apetitiva.

12-La voluntad está en la razón en cuanto sigue la comprensión de la razón; la operación de la voluntad pertenece al mismo grado de operación de las potencias del alma, pero no al mismo género. Igualmente, lo mismo se dice del irascible y el concupiscible en relación al sentido.

13-El intelecto y el apetito mueven como quienes imponen el movimiento; pero debe haber una potencia motriz que ejecute el movimiento, según la cual, los miembros siguen el imperio del apetito, y del intelecto o del sentido.

14-Las potencias del alma vegetativa se llaman fuerzas naturales, porque no operan sino lo que la naturaleza realiza en los cuerpos; pero se llaman fuerzas del alma porque lo hacen de manera más alta, como se dijo anteriormente.

15-La cosa natural inanimada recibe simultáneamente la especie y la cantidad debida; lo cual no es posible en las cosas vivas, que deben tener una cantidad moderada en el principio de su generación, porque son generadas a partir de una semilla. Por lo tanto, además de la fuerza generativa, debe haber una fuerza aumentativa que lleve a la cantidad debida. Esto debe ocurrir a través de la conversión de algo en sustancia para aumentar, y así se añade a ella. Esta conversión se lleva a cabo por el calor, ya que también convierte lo que se le añade externamente y resuelve lo que está dentro. Por lo tanto, para la conservación del individuo, para que continuamente se restaure lo que se ha perdido y se añada lo que falta para la perfección de la cantidad y lo que es necesario para la generación de la semilla, fue necesaria la fuerza nutritiva, que sirve tanto a la aumentativa como a la generativa; y por eso el individuo se conserva.

16-Sonido y calor y cosas similares difieren según un modo diverso de mutación del sentido, pero no así los sensibles de diferentes géneros. Por lo tanto, no se diversifican las potencias sensitivas según esos objetos.

17-Debido a que las contrariedades de las cuales el tacto es cognoscitivo no se reducen a un único género, como las diversas contrariedades que se pueden considerar sobre los visibles se reducen a un único género del color, por eso el filósofo determina en el II de Anima que el tacto no es un único sentido, sino varios. Sin embargo, todos coinciden en que no sienten a través de un medio externo; y todos se dicen tacto, de modo que sea un único sentido dividido en varias especies. Sin embargo, podría decirse que sería simplemente un único sentido, porque todas las contrariedades, de las cuales el tacto es cognoscitivo, se conocen entre sí y se reducen a un único género, pero es innominado; ya que el género próximo del caliente y del frío es innominado.

18-En cuanto las potencias del alma son propiedades ciertas, al decir que la memoria es la pasión del primer sensible, no se excluye que la memoria sea otra potencia distinta del sentido; sino que se muestra su orden con respecto al sentido.

19-El sentido recibe las especies de los sensibles en los órganos corporales y es cognoscitivo de los particulares; sin embargo, el intelecto recibe las especies de las cosas sin órgano corporal y es cognoscitivo de los universales. Por lo tanto, cierta diversidad de objetos requiere diversidad de potencias en la parte sensible, lo cual no requiere diversidad de potencias en la parte intelectual. Recibir y retener en cosas materiales no es según lo mismo; pero en cosas inmateriales es según lo mismo. Asimismo, según los diversos modos de mutación, debe diversificarse el sentido, pero no el intelecto.

20-El mismo objeto, a saber, lo inteligible en acto, se compara al intelecto agente como hecho por él; al intelecto posible, en cambio, como lo que lo mueve. Por lo tanto, es evidente que no se compara a ambos según la misma razón.

14. DÉCIMO CUARTA CUESTIÓN: Si el alma humana es incorruptible

> Santo Tomás expone veintiún argumentos de distintos autores, según los cuales parece que el alma humana es corruptible

1-Se cita el libro del *Eclesiastés*, según el cual no hay diferencia entre la muerte de los hombres y la de los animales: cuando los animales mueren, su alma perece. Esto implica que, al morir el ser humano, su alma también podría corromperse, sugiriendo que el alma no es inmortal.

2-Aquí se argumenta que lo corruptible y lo incorruptible son diferentes por su naturaleza. Como el alma humana y la de los animales no difieren en especie, se concluye que, si el alma de los animales es corruptible, lo mismo debería aplicarse al alma humana.

3-Damasceno dice que el ángel es inmortal por gracia, no por naturaleza. Dado que el ángel no es inferior al alma, se sostiene que el alma no puede ser considerada naturalmente inmortal.

4-Este argumento se basa en la noción de que el primer motor, que es infinitamente potente, mueve en un tiempo infinito. Si se sostiene que el alma tiene una potencia infinita, eso implicaría que su esencia también es infinita, lo cual es contradictorio, ya que solo la esencia divina es infinita. Por lo tanto, el alma humana no puede ser incorruptible.

5-Se presenta una objeción a la idea de que el alma es incorruptible por virtud divina, argumentando que lo que no es esencial a algo no puede considerarse parte de su esencia. Como el ser corruptible o incorruptible es esencial para la naturaleza de un ser, el alma debe ser incorruptible por su propia esencia si se le considera inmortal.

6-Aquí se establece que todo lo que existe es o corruptible o incorruptible. Si el alma humana no es incorruptible por su naturaleza, necesariamente debe ser corruptible.

7-Se sostiene que todo lo incorruptible tiene la virtud de ser eterno. Si el alma humana es incorruptible, debería existir siempre. Pero esto implica que no puede haber un estado de no ser, lo cual contradice la fe.

8-Se cita a San Agustín, quien dice que así como Dios es la vida del alma, el alma es la vida del cuerpo. Dado que la muerte es una privación de vida, se concluye que el alma también se ve privada y eliminada con la muerte.

9-Se argumenta que la forma (el alma) no puede existir sin el cuerpo. Por lo tanto, si el cuerpo muere, el alma también debe perecer.

10-Se responde a la objeción de que el alma puede ser corruptible solo en cuanto a su forma y no a su esencia. Se sostiene que el alma no es accidentalmente la forma del cuerpo; debe ser esencialmente forma. Así, si es corruptible en su forma, lo será también en su esencia.

11-Este argumento indica que lo que está constituido por una unidad se corrompe al corromperse uno de sus elementos. Dado que el alma y el cuerpo forman una unidad, si el cuerpo muere, el alma también debe corromperse.

12-Se establece que el alma sensitiva y el alma racional son una misma esencia en el ser humano. Como el alma sensitiva es corruptible, se concluye que la racional también lo es.

13-Se plantea que la forma (el alma) debe ser adecuada a la materia. Si el cuerpo es corruptible, entonces el alma también debe serlo.

14-Se argumenta que si el alma puede separarse del cuerpo, debe tener alguna acción independiente, pero no hay operación del alma sin el cuerpo, ya que el conocimiento no puede ocurrir sin imágenes mentales, que son dependientes del cuerpo.

15-Se sostiene que si el alma humana es incorruptible, solo lo sería por su capacidad de entender. Sin embargo, se sugiere que la actividad de entender es algo que no se alcanza completamente, por lo que no hay necesidad de considerar el alma humana como inmortal.

16-Se argumenta que no todos los humanos alcanzan el entendimiento, lo que sugiere que la comprensión no es la operación propia del alma humana. Así, no hay necesidad de considerar el alma humana como incorruptible.

17-Aquí se sostiene que todo lo finito puede ser consumido. El bien natural del alma humana es un bien finito, y si su bondad se reduce a causa del pecado, parece que eventualmente podría ser aniquilado, lo que implica que el alma puede corromperse.

18-Se argumenta que la debilidad del cuerpo afecta al alma. Si el cuerpo es corruptible, se sugiere que la corrupción del cuerpo también implica la corrupción del alma.

19-Se sostiene que todo lo que es creado de la nada es susceptible de regresar a la nada. Dado que el alma humana es creada de la nada, también debe ser corruptible.

20-Se dice que si la causa permanece, el efecto también debería hacerlo. Si el alma es causa de la vida del cuerpo, entonces debería permanecer siempre. Esto es falso, ya que sabemos que el cuerpo muere.

21-Se concluye que lo que es subsistente por sí mismo debe estar en una especie o género. Dado que el alma humana no se considera un individuo o especie, parece que no puede subsistir por sí misma y, por lo tanto, no puede existir separadamente del cuerpo.

> A continuación, Santo Tomás expone cuatro argumentos de autoridad según los cuales el alma humana no es corruptible

1-El alma humana es inmortal porque es hecha a imagen de Dios. En el libro de la Sabiduría se dice que Dios creó al hombre como inmortal y a su imagen. Según San Agustín, esta imagen se refiere al alma. Este argumento sugiere que, dado que el alma humana es creada a imagen y semejanza de Dios, comparte su naturaleza divina, lo que implica su incorruptibilidad. Así, el alma no puede ser destruida o corrompida porque su esencia está relacionada con lo eterno y divino.

2-La ausencia de contrariedades en el alma humana. Este argumento sostiene que todo lo que es corruptible tiene que estar compuesto por elementos opuestos o tener contrariedades. Sin embargo, el alma humana es completamente carente de contrariedades, ya que, incluso si hay elementos que pueden parecer opuestos en su interior, en el alma no se manifiestan como tal. Por lo tanto, al no tener elementos contradictorios que podrían llevar a su corrupción, se concluye que el alma humana es incorruptible.[9]

3-La naturaleza inmaterial del alma humana. Aquí se establece un paralelo entre el alma humana y los cuerpos celestiales, que son considerados incorruptibles debido a su falta de materia en el sentido de lo generable y corruptible. Se argumenta que el alma humana es completamente inmaterial, ya que es capaz de recibir las especies de las cosas sin materialidad. Esta inmaterialidad implica que el alma no está sujeta a los mismos procesos de generación y corrupción que afectan a los cuerpos materiales, por lo que se considera incorruptible.

4-La separación del intelecto del cuerpo corruptible. Este argumento se basa en la afirmación de *El Filósofo* de que el intelecto es perpetuo y se separa de lo corruptible. Dado que el intelecto es una parte del alma, se deduce que el alma humana también es incorruptible. La idea es que si el intelecto, como aspecto del alma, puede existir de manera independiente y perdurar más allá de la corrupción del cuerpo, entonces el alma, que incluye al intelecto, también debe ser incorruptible.

> A continuación, Santo Tomás ofrece su propia respuesta a la Cuestión planteada

Santo Tomás argumenta la incorruptibilidad del alma humana mediante varios puntos clave que refuerzan su tesis. Comienza señalando que el ser de algo está intrínsecamente relacionado con su forma. Cada entidad tiene existencia (ser) en virtud de su forma específica; por lo tanto, el ser no puede separarse de la forma que lo determina. Los compuestos de materia y forma son corruptibles porque pueden perder su forma, y al hacerlo, pierden su ser. Sin embargo, la forma en sí misma no puede ser corruptible, ya que solo se corrompe accidentalmente cuando se pierde su relación con la materia. Si existiera una forma que poseyera ser por sí misma, necesariamente tendría que ser incorruptible.

Santo Tomás argumenta que el intelecto humano es la facultad que permite al hombre entender y conocer. Esta capacidad de comprensión no depende de un órgano corporal, ya que no hay un órgano que pueda abarcar todas las naturalezas sensibles. Así, el intelecto opera de manera independiente del cuerpo, lo que indica que su existencia no está subordinada a las condiciones materiales. Este hecho refuerza la idea de que el intelecto tiene un ser que trasciende el ámbito físico, lo que implica que es incorruptible.

El intelecto humano no es un compuesto de materia y forma, sino que es inmaterial, lo que le permite recibir las especies (formas) de las cosas sin la limitación de la materialidad. Esto es especialmente relevante porque el intelecto puede concebir lo universal, lo cual está más allá de las condiciones materiales. Al ser inmaterial, el intelecto también implica que el principio intelectivo del ser humano es incorruptible.

Santo Tomás concluye que el principio intelectivo del hombre es una forma que posee existencia por sí misma. Dado que la existencia y la operación del intelecto no dependen del cuerpo, se establece que el alma humana, que incluye esta capacidad intelectiva, es incorruptible. Además, menciona dos señales que respaldan esta conclusión: la naturaleza del intelecto, que percibe lo corruptible de manera incorruptible, y el apetito natural de los seres humanos por la perpetuidad, que sugiere un deseo intrínseco de inmortalidad. A través de esta argumentación lógica y filosófica, Santo Tomás sostiene que el alma humana es necesariamente incorruptible, apoyándose en la relación entre forma y ser, la naturaleza del intelecto y el deseo innato de los seres humanos por la eternidad.

> A continuación, Santo Tomás responde a cada uno de los veintiún argumentos expuestos inicialmente, que consideraban al alma sujeta a corrupción

1-Sobre la interpretación de Salomón. Se explica que Salomón en el libro de los *Proverbios* habla en diferentes personas, a veces como sabio y otras como necio. La muerte de humanos y animales se refiere a la corrupción del compuesto (cuerpo y alma), donde la separación del alma del cuerpo provoca corrupción, aunque el alma humana persiste mientras que el alma de los animales no.

2-Clasificación de las almas. Se argumenta que si el alma humana y la de los animales fueran clasificadas de manera idéntica, se podría concluir que pertenecen a diferentes géneros. Sin embargo, dado que ambas son partes de un ser compuesto corruptible, pueden ser consideradas del mismo género.

3-Inmutabilidad y mortalidad. Santo Tomás sostiene que la verdadera inmortalidad se manifiesta como inmutabilidad. Tanto el alma como los ángeles poseen esta inmutabilidad por gracia, lo que refuerza su naturaleza incorruptible.

4-Ser y forma. Se aclara que el ente se relaciona con la forma como consecuencia de ésta. La existencia de un ente durante un tiempo infinito no prueba la infinitud de su forma, sino la de su causa.

5-Esencia de corruptibilidad. Aunque la incorruptibilidad pueda pertenecer a la esencia, el "acto perpetuo de existir" (es decir, la inmortalidad o la existencia sin corrupción) no depende exclusivamente de la esencia del alma, sino de un principio activo externo (por ejemplo, en la teología, podría interpretarse como el poder divino).

6-Respuesta general. No hay comentario alguno. El Aquinate argumenta que lo ya expuesto es suficiente para responder a la objeción planteada.

7-Virtud del alma. Se señala que el alma tiene la virtud de existir siempre, pero no necesariamente ha existido siempre. Por lo tanto, puede no haber existido en el pasado, pero no dejará de existir en el futuro.

8-La naturaleza del alma. El alma se considera la forma del cuerpo en cuanto es principio de vida. La vida se identifica con la existencia del ser viviente.

9-Existencia del alma. El alma tiene un ser que no depende del cuerpo. Esto se demuestra a través de su operación.

10-Forma subsistente. Aunque el alma es esencialmente forma, puede tener características que no le corresponden estrictamente en su naturaleza de forma, como la subsistencia.

11-Unidad del ser humano. Aunque el alma y el cuerpo conforman un ser humano, la existencia del ser proviene del alma. Por lo tanto, aunque el cuerpo se aparte, el alma permanece.

12-Corruptibilidad del alma sensible. Se aclara que el alma sensible en los animales es corruptible, mientras que en los humanos, dado que son de la misma esencia que el alma racional, es incorruptible.

13-Relación entre cuerpo y alma. El cuerpo humano está adecuadamente constituido para las operaciones del alma. La corrupción y defectos físicos son consecuencia de la materia, no de la esencia del alma.

14-Inteligencia y fantasmas. La afirmación de que no se puede entender sin imaginación se aplica al estado presente de la vida, mientras que hay un modo diferente de comprensión en el alma separada.

15-Capacidad de entendimiento. A pesar de que el alma humana no comprende de la misma manera que los seres superiores, logra entender de un modo que demuestra su incorruptibilidad.

16-Conocimiento común. Aunque pocos logran un entendimiento perfecto, todos alcanzan un entendimiento suficiente, ya que los principios de la demostración son comunes a la concepción del alma.

17-Pecado y naturaleza. El pecado elimina la gracia pero no altera la esencia de un ser. Se pierde algo de la inclinación hacia la gracia, pero la capacidad de naturaleza permanece.

18-Debilidad del cuerpo. La debilidad del cuerpo no debilita el alma, ya que la acción depende del órgano, no de la esencia del alma.

19-Corruptibilidad y esencia. Se argumenta que lo que surge de la nada puede ser revertido a la nada, pero esto no implica que sea corruptible, sino que tiene en sí un principio de corrupción.

20-Incorruptibilidad del alma. Aunque el alma, que es causa de vida, es incorruptible, el cuerpo, que recibe la vida del alma, está sujeto a la transmutación y por eso puede experimentar corrupción.

21-Naturaleza del alma. Finalmente, se establece que aunque el alma puede existir por sí misma, no tiene especie por sí sola, ya que es parte de una especie mayor.

15. DÉCIMO QUINTA CUESTIÓN: Si el alma separada del cuerpo puede entender

> Santo Tomás expone veintiún argumentos de diferentes autores, según los cuales parece que el alma separada del cuerpo no puede entender

1-La operación del compuesto (cuerpo y alma) no persiste en el alma separada. Entender es una operación que pertenece a esta unión, por lo que el entendimiento no puede existir en el alma separada del cuerpo.

2-Aristóteles sostiene que no se puede entender sin imágenes mentales (*phantasmata*). Estas imágenes dependen de los sentidos, que están ligados al cuerpo. Por lo tanto, el alma separada no puede entender.

3-Aunque se pueda argumentar que Aristóteles se refiere al alma unida al cuerpo, el alma separada no puede entender a menos que use su capacidad intelectual. Como Aristóteles dice que entender es depender de imágenes, el alma separada no puede entender, ya que no tiene acceso a ellas sin el cuerpo.

4-Aristóteles compara el intelecto con el sentido de la vista. Así como no podemos ver colores sin ellos, el intelecto no puede entender sin imágenes mentales, lo que implica que no puede entender sin el cuerpo.

5-Aristóteles menciona que el entendimiento puede verse afectado por factores internos, como el corazón o el calor natural. Estos elementos son parte del cuerpo. Por lo tanto, el alma separada no puede entender porque ha sido separada de estos factores.

6-Si se sostiene que el alma separada entiende de manera diferente a como lo hace unida al cuerpo, se contradice la naturaleza de la forma y la materia. La forma (el alma) se une al cuerpo para completar su acción, que es entender. Si pudiera entender sin el cuerpo, su unión sería innecesaria.

7-Si el alma separada entiende, lo haría de una manera más noble que cuando está unida al cuerpo. Sin embargo, esto sería perjudicial, ya que el bien del alma está en entender, lo que haría que su unión con el cuerpo no fuera natural.

8-Las potencias del alma se distinguen por sus objetos. Si el alma separada puede entender sin imágenes, necesitaría tener diferentes potencias, lo cual es imposible, ya que las potencias son inherentes a la naturaleza del alma.

9-Si el alma separada entiende, debe hacerlo a través de alguna potencia. Las únicas potencias intelectivas son el intelecto agente y el intelecto posible, ambos de los cuales dependen de las imágenes. Así, parece que el alma separada no puede entender.

10-Cada ser tiene una operación propia. Si la operación del alma es entender a través de imágenes, no puede entender de otra manera, lo que significa que, separada del cuerpo, no puede entender.

11-Si el alma separada entiende, debe hacerlo a través de alguna similitud con el objeto conocido. Sin embargo, no puede entender a través de su esencia, ya que esto es exclusivo de Dios. Tampoco puede entender a través de la esencia del objeto conocido.

12-Las especies innatas serían inútiles si el alma no pudiera entender a través de ellas mientras está en el cuerpo. Las especies sólo tienen valor si sirven para la comprensión.

13-Aunque se argumente que el alma puede entender a través de especies innatas, el alma unida al cuerpo es más perfecta y, por lo tanto, debe ser capaz de entender mejor que en su estado separado.

14-Lo que es natural a algo no puede ser completamente impedido por su naturaleza. Si las especies intelectuales son naturalmente innatas al alma, la unión con el cuerpo no debería impedir que entienda a través de ellas, lo cual contradice la experiencia.

15-Si el alma separada solo pudiera entender a través de especies previamente adquiridas, esto significaría que algunas almas separadas, que no adquirieron especies, no podrían entender, lo cual es insostenible.

16-Si el alma separada solo entiende a través de especies adquiridas, significaría que sólo entiende lo que supo mientras estaba unida al cuerpo. Sin embargo, puede entender cosas de las cuales no tiene conocimiento previo, como el castigo o la recompensa.

17-El entendimiento requiere la presencia de especies en el intelecto. Si el intelecto tiene especies, puede entender. Así, las especies no permanecen en el intelecto después de que deja de entender, lo que significa que no puede entender tras la separación.

18-Los hábitos adquiridos producen actos similares a aquellos de los cuales se adquieren. Las especies se adquieren al contemplar las imágenes; por lo tanto, el alma separada no puede entender sin volver a las imágenes.

19-No se puede decir que el alma separada entienda a través de especies de una substancia superior. El intelecto humano está diseñado para recibir información de los sentidos, y no puede recibir de un nivel superior.

20-No es suficiente que una causa superior actúe sobre algo que naturalmente se origina de causas inferiores. El alma humana necesita recibir sus especies a través de los sentidos, y no puede hacerlo solo por la influencia de las sustancias superiores.

21-La acción debe ser proporcional al sujeto que recibe. La comprensión de las sustancias superiores no es adecuada al intelecto humano, ya que estas sustancias tienen una comprensión más universal y abstracta. Por lo tanto, el alma separada no puede entender a través de especies provenientes de estas sustancias superiores.

> A continuación, Santo Tomás expone tres argumentos de autoridad según los cuales el alma separada del cuerpo puede entender

Primer argumento

Premisa 1- La acción de entender *(intelligere)* es la máxima y propia operación del alma. Esto significa que la capacidad de entender es fundamental para la esencia del alma.

Premisa 2- Si se concluye que el entendimiento no es posible para el alma cuando está separada del cuerpo, se sugiere que ninguna otra operación podría corresponderle tampoco. Esto implicaría que, al estar separada, el alma carecería de cualquier función o actividad, lo que sería problemático.

Premisa 3- Si el alma no puede realizar ninguna operación sin el cuerpo, se concluye que no puede existir como un ente separado. Es decir, la existencia de un alma que no realiza acciones es contradictoria.

Conclusión. Dado que se acepta que existe un alma separada, debe aceptarse que tiene la capacidad de entender. Esto refuerza la idea de que el entendimiento es esencial y, por lo tanto, el alma separada debe poseer esta capacidad.

Segundo argumento

Premisa 1- Se menciona que aquellos que son resucitados en las Escrituras tienen el mismo conocimiento que poseían antes de morir. Este es un ejemplo que sugiere que la memoria o el entendimiento no se pierden con la muerte.

Premisa 2- De aquí se deduce que el conocimiento adquirido por un individuo en la vida terrenal no se pierde después de la muerte. Esto sugiere que el alma, incluso después de estar separada del cuerpo, mantiene acceso a lo que entendía y conocía.

Conclusión. Por lo tanto, se sostiene que el alma puede entender a través de las "especies" o representaciones que había adquirido mientras estaba unida al cuerpo. Esto implica que el conocimiento y la capacidad de entender persisten más allá de la separación del cuerpo, indicando que el entendimiento es una función del alma que no se ve limitada por su estado de separación.

Tercer argumento

Premisa 1- Se establece que hay una relación de similitud entre los inferiores (realidades corporales) y los superiores (realidades espirituales o intelectivas). Por ejemplo, los matemáticos pueden predecir futuros observando las similitudes en los cuerpos celestes.

Premisa 2- Se afirma que el alma es superior a todas las cosas corporales. Como tal, tiene la capacidad de entender las similitudes que existen entre las realidades físicas y sus representaciones intelectuales.

Conclusión. Dado que todas las realidades corporales tienen una representación en el alma, que actúa como una sustancia intelectiva, se sugiere que el alma tiene la capacidad de entender todas las cosas corporales, incluso cuando está separada del cuerpo. Esto refuerza la idea de que el entendimiento del alma no depende de su unión con el cuerpo, sino que es inherente a su naturaleza.

A continuación, Santo Tomás ofrece su propia respuesta a la Cuestión planteada

En esta respuesta, Santo Tomás aborda la cuestión de cómo el alma humana puede entender.

Comienza reconociendo que, en su estado actual, el alma parece necesitar de los sentidos para entender el mundo sensible. Esto ha llevado a diversas opiniones sobre la naturaleza de esta necesidad. Por un lado, algunos filósofos, como los platónicos, sostienen que los sentidos no son necesarios para el entendimiento en sí, sino que simplemente ayudan a recordar lo que el alma ya conoce de forma innata. Según esta visión, el alma tiene un conocimiento previo que puede ser despertado por la experiencia sensorial, y antes de unirse al cuerpo, podría acceder a este conocimiento sin obstáculos. Sin embargo, esta postura se enfrenta a la dificultad de explicar por qué el alma se une al cuerpo, dado que su operación podría verse limitada por esta unión.

Otra perspectiva, la de Avicena, plantea que los sentidos son necesarios no para la adquisición del conocimiento, sino para preparar el alma a recibir el conocimiento de un intelecto agente, una sustancia separada que le proporciona las formas inteligibles. Esta postura, aunque más elaborada, también enfrenta el problema de la adquisición inmediata del conocimiento, ya que implicaría que cualquier alma, en cualquier momento, podría acceder a todo tipo de conocimiento, lo cual es claramente falso.

Santo Tomás, entonces, argumenta que las potencias sensoriales son necesarias para que el alma entienda, no solo de forma accidental, sino de manera esencial. Las imágenes (fantasmas) que percibe el sentido actúan como representaciones de los objetos que el intelecto necesita para su comprensión. De este modo, los sentidos permiten que el intelecto alcance una comprensión más completa de las cosas.

No obstante, al considerar la posibilidad de que el alma esté separada del cuerpo, surge la dificultad de cómo puede entender sin las imágenes sensoriales que normalmente utiliza. Para resolver esto, Santo Tomás propone que aunque el alma humana participa de forma limitada en el conocimiento intelectual, **puede** recibir la influencia de las sustancias superiores (ángeles), incluso sin imágenes sensoriales, una vez que está separada del cuerpo. Sin embargo, aclara que el conocimiento adquirido a través de los sentidos sigue siendo superior en precisión y determinación.

Finalmente, destaca que las almas separadas aún conservan el conocimiento de lo que aprendieron en vida, lo que les permite entender de manera efectiva, aunque no tan completamente como si tuvieran acceso continuo a las imágenes sensoriales. De este modo, la respuesta de Santo Tomás equilibra la necesidad de los sentidos en la adquisición del conocimiento con la capacidad del alma de entender incluso después de su separación del cuerpo, apuntando a una comprensión más rica y matizada de la relación entre el alma, el cuerpo y el conocimiento.

> A continuación, Santo Tomás responde a cada uno de los veintiún argumentos según los cuales parece que el alma separada del cuerpo no puede entender

1-Santo Tomás aclara que Aristóteles no habla según su propia opinión, sino en relación con la visión de aquellos que sostienen que entender implica movimiento. Esto implica que la comprensión no está necesariamente ligada al movimiento físico.

2-Aquí se indica que Aristóteles se refiere a la operación intelectual del alma en su estado unido al cuerpo. En esta unión, el alma necesita de las imágenes *(phantasmata)* para entender, lo que significa que la operación del intelecto depende de la experiencia sensorial.

3-En el estado presente de unión del alma con el cuerpo, el alma no participa de las especies inteligibles superiores, solo tiene acceso a la "luz intelectual" que le permite entender a través de las imágenes. Sin embargo, una vez separada, el alma podrá acceder a esas especies inteligibles sin necesidad de objetos externos.

4-Se repite la idea anterior, reforzando que el alma, tras la separación, tendrá un acceso más directo a las realidades inteligibles.

5-Santo Tomás señala que Aristóteles habla desde la perspectiva de aquellos que creen que el entendimiento requiere un órgano corporal, lo que sería incompatible con la capacidad del alma separada para entender.

6-Aquí se aclara que el alma se une al cuerpo a través de su operación, que es entender. Esto no significa que no pueda entender sin el cuerpo, sino que, en el orden natural, la comprensión es menos perfecta en unión con el cuerpo.

7-Se relaciona directamente con la idea anterior, indicando que el razonamiento se sostiene en que la unión del alma al cuerpo es necesaria para la actividad intelectual en esta vida.

8-Se explica que las imágenes *(phantasmata)* solo son objeto del intelecto cuando se convierten en inteligibles gracias a la "luz del intelecto agente". Por lo tanto, la naturaleza del objeto formal no cambia, aunque el objeto material sea diferente.

9-Se diferencia la operación del intelecto agente y del intelecto posible en el estado de unión con el cuerpo, indicando que, al separarse, el alma podrá recibir directamente las especies de las realidades superiores.

10-La operación del alma es entender las realidades inteligibles en acto, y esta operación no se ve alterada por el hecho de que las especies inteligibles provengan de imágenes o de otras fuentes.

11-Aquí se aclara que el alma separada no entiende las cosas a través de su esencia, sino a través de especies que recibe de las sustancias superiores, lo cual difiere de la postura de los platónicos que creían en un conocimiento esencial inmediato.

12-Se refuerza la idea anterior, que el conocimiento a través de especies provenientes de sustancias superiores es exclusivo del estado de separación del alma.

13-Se argumenta que si el alma tuviera especies innatas, podría entender sin la necesidad de las adquiridas. Sin embargo, su actividad corporal limita su capacidad de acceder a las realidades superiores.

14-Se repite que no es natural para el alma entender a través de especies que recibe en unión con el cuerpo, sino que esto es posible solo tras la separación.

15-Santo Tomás explica que las almas separadas pueden entender a través de especies previamente adquiridas, pero también a través de las que reciben tras la separación.

16-Esta respuesta se relaciona con el poder del intelecto para entender, que se ve limitado por su unión con el cuerpo.

17-Se aclara que las especies inteligibles pueden existir en el intelecto posible en estado de potencia, necesitando un impulso para pasar a la acción, lo cual puede ocurrir en diversos grados.

18-La operación intelectual no se distingue por la fuente de donde provienen las especies, ya que lo importante es el objeto en sí y no su origen material.

19-El intelecto posible no está diseñado para recibir nada de las imágenes, pero esto no impide que pueda recibir influencias de realidades superiores.

20-La ciencia (el conocimiento) en el alma está ligada a las imágenes mientras está unida al cuerpo, pero al separarse, puede obtener conocimientos de fuentes superiores.

21-Aunque la ciencia (el conocimiento) de las sustancias separadas no es completamente adecuada al alma humana, esto no implica que no pueda recibir algo de su influencia, aunque no sea de manera plena o perfecta.

16. DÉCIMO SEXTA CUESTIÓN: Si el alma, cuando está unida al cuerpo, puede entender a las sustancias separadas

> Santo Tomás expone diez argumentos de distintos autores, según los cuales parece que el alma unida al cuerpo puede entender a las sustancias separadas

1-Ninguna forma es impedida en alcanzar su fin debido a la materia a la cual está naturalmente unida. El fin del *anima intellectiva* parece ser entender las sustancias separadas, que son las más inteligibles. Así como el fin de toda cosa es alcanzar su perfección en su operación, el alma humana, por tanto, no debería estar impedida de entender a las sustancias separadas debido a su unión con el cuerpo.

2-El fin último del hombre es la felicidad, la cual, según Aristóteles en la *Ética Nicomáquea*, consiste en la operación de la facultad más elevada, el intelecto, frente al objeto más noble, que sería una sustancia separada. Si el hombre no pudiera alcanzar este fin, entonces su existencia carecería de propósito, lo que sería absurdo. Por tanto, el hombre, incluso unido al cuerpo, debería ser capaz de conocer a las sustancias separadas.

3-Todo proceso de generación alcanza un término, ya que nada se mueve infinitamente. La operación del intelecto también implica un proceso, donde pasa de la potencia al acto, es decir, al conocimiento en acto. Este proceso no puede continuar indefinidamente y debe alcanzar un término en el que el intelecto esté plenamente en acto, lo cual no podría ocurrir sin conocer todo lo inteligible, incluyendo a las sustancias separadas.

4-Es más difícil para el intelecto abstraer conceptos de cosas materiales, que son en sí no separadas, que entender las que son separadas por naturaleza. Ya que el intelecto humano, unido al cuerpo, puede abstraer conceptos de las cosas materiales, debería tener una capacidad aún mayor para entender sustancias separadas.

5-Así como la percepción sensorial de objetos externos intensos se ve limitada por la capacidad del órgano sensorial para soportar dicha intensidad, el intelecto no se ve corrompido por los objetos inteligibles, sino que, al contrario, se perfecciona. Por ello, cuanto más inteligible sea el objeto, más puede el intelecto entenderlo, y las sustancias separadas son las más inteligibles de todas.

6-El intelecto, aún unido al cuerpo, abstrae la quididad o esencia de las cosas. Eventualmente, el proceso de abstracción debe llegar a una quididad que no sea una cosa concreta con esencia, sino una esencia pura. Las sustancias separadas, al no tener materialidad, son esencialmente quididades puras, por lo que el intelecto debería poder conocerlas.

7-Es natural para el intelecto conocer las causas a partir de sus efectos. Como las sustancias separadas producen efectos en las cosas sensibles y materiales (puesto que, según San Agustín, los ángeles administran lo corporal por mandato de Dios), el intelecto debería poder entender las sustancias separadas a partir de sus efectos en las cosas materiales.

8-El alma unida al cuerpo puede entenderse a sí misma. Agustín explica en *De Trinitate* que la mente se conoce y se ama a sí misma, y ya que el alma humana comparte la naturaleza de las sustancias separadas en cuanto intelectuales, debería poder comprender otras sustancias separadas.

9-Nada existe en vano en la realidad. Por tanto, si las sustancias separadas son inteligibles en sí mismas, el intelecto humano debería poder entenderlas, ya que de otro modo su inteligibilidad sería inútil.

10-El intelecto, en relación con lo inteligible, se asemeja a la vista en relación con lo visible. Así como la vista puede percibir objetos visibles, aunque sea en sí misma corruptible, el intelecto humano debería poder conocer las sustancias separadas, las cuales son incorruptibles y plenamente inteligibles en sí mismas.

> A continuación, Santo Tomás expone un argumento de autoridad según el cual el alma unida al cuerpo no puede conocer a las sustancias separadas

Aristóteles explica en el libro III de *De Anima* que el alma no puede entender nada sin recurrir a las imágenes o fantasmas *(phantasmata)* que le proporcionan los sentidos. Estos fantasmas, o representaciones sensibles, son esenciales para el proceso de conocimiento en el alma humana, ya que sin ellas no es posible la comprensión intelectual. Sin embargo, las sustancias separadas, por su naturaleza inmaterial, no pueden ser representadas mediante fantasmas, pues carecen de una forma material que los sentidos puedan captar y luego trasladar al intelecto. Por lo tanto, debe concluirse que el alma, en su estado unido al cuerpo, no puede comprender las sustancias separadas, ya que depende de los fantasmas para entender y estas entidades carecen de una representación sensible accesible a los sentidos humanos.

> A continuación, Santo Tomás ofrece su propia respuesta a la Cuestión planteada

Santo Tomás responde a esta Cuestión reconociendo que Aristóteles prometió resolverla en su tratado *De Anima*, aunque esta solución no ha llegado hasta nosotros. Por lo tanto, han surgido interpretaciones variadas sobre si el alma humana puede conocer sustancias separadas.

Algunos afirman que el alma puede conocerlas una vez unida al intelecto agente, que consideran una sustancia separada capaz de conocer naturalmente dichas sustancias. Según esta teoría, el intelecto agente se uniría a nosotros como una forma que permite este conocimiento, al igual que la luz hace visible al color en la pupila. Otros creen que el alma humana puede conocer sustancias separadas de modo similar a cómo entiende los objetos materiales, mediante principios de filosofía.

Santo Tomás rechaza ambas opiniones. Argumenta que el intelecto agente, si es una sustancia separada, no puede unirse a nosotros de forma que se convierta en parte de nuestro ser; de lo contrario, no sería una sustancia separada. Además, critica la idea que el conocimiento perfecto de los seres inteligibles lleve al conocimiento de sustancias separadas, pues el intelecto humano, al depender de los sentidos y las imágenes mentales (fantasmas), no puede entender la naturaleza de las sustancias separadas.

En conclusión, Santo Tomás sostiene que, mientras el alma esté unida al cuerpo, solo podrá conocer sustancias separadas en un sentido indirecto: mediante las imágenes y efectos de los seres materiales. Por lo tanto, el conocimiento de tales sustancias será parcial y negativo, permitiendo únicamente entender "qué no son" más que lo que realmente son.

> A continuación, Santo Tomás responde a cada uno de los diez argumentos expuestos inicialmente, que consideraban que el alma unida al cuerpo puede entender a las sustancias separadas

1-Santo Tomás responde que la capacidad natural del alma humana se extiende hasta poder conocer a las sustancias separadas. La unión al cuerpo no impide esta posibilidad de conocimiento. Además, la felicidad última del hombre, a la que puede llegar por medios naturales, consiste en tal conocimiento de las sustancias separadas.

2-La solución al segundo argumento se deriva de lo explicado en el primero, por lo que no es necesario agregar más.

3-La facultad del intelecto posible progresa continuamente, pasando de potencia a acto a medida que aumenta su comprensión. Sin embargo, el fin último de esta progresión es conocer la esencia divina, el supremo inteligible. Sin embargo, este conocimiento no puede lograrse únicamente por medios naturales, sino que requiere de la gracia.

4-Es más difícil "hacer" sustancias separadas que simplemente entenderlas, si se trata de las mismas sustancias. Si son distintas, no es necesario hacerlas para entenderlas. Además, puede haber una dificultad mayor en entender ciertas sustancias separadas que en abstraer y entender otras.

5-A diferencia de los sentidos que, ante objetos sensoriales intensos, pueden verse dañados, el intelecto no sufre corrupción por ser el receptáculo de inteligibles excelentes, pues carece de un órgano físico susceptible de daño. Sin embargo, existen inteligibles que superan la capacidad del intelecto humano, como las sustancias separadas, cuya comprensión natural es limitada debido a la dependencia del intelecto humano de especies abstractas de los fantasmas. Si el intelecto entendiera las sustancias separadas, aumentaría su comprensión de otros objetos, en lugar de disminuirla.

6-Las esencias abstractas de las cosas materiales no son suficientes para comprender lo que son las sustancias separadas, ya que no proporcionan una comprensión adecuada de su naturaleza.

7-Similarmente, los efectos deficientes no son suficientes para conocer completamente la causa que los origina, como se ha dicho anteriormente.

8-El intelecto posible humano no se entiende a sí mismo directamente por su propia esencia, sino a través de la especie que recibe de los fantasmas. Por esta razón, el filósofo afirma que el intelecto posible es inteligible de la misma manera que otros objetos lo son. Nada es inteligible en potencia, sino en acto, como se explica en la *Metafísica*. Dado que el intelecto posible está en potencia en cuanto a su ser inteligible, solo puede entenderse a través de la forma que lo actualiza, que es la especie abstracta de los fantasmas. Esto se aplica a todas las facultades del alma: los actos se conocen a través de los objetos, las facultades a través de los actos y el alma a través de sus facultades. Así, el alma intelectiva se conoce a través de su acto de entender, pero la especie extraída de los fantasmas no es una forma de sustancia separada que permita conocerla, como sucede en el caso del intelecto posible.

9-Este argumento es ineficaz por dos razones: primero, porque los inteligibles no existen "para" los intelectos que los comprenden, sino que son fines y perfecciones de estos. Por lo tanto, no es cierto que una sustancia inteligible que no es comprendida por otro intelecto esté "de más" o carezca de propósito. En segundo lugar, aunque las sustancias separadas no sean comprendidas por nuestro intelecto cuando está unido al cuerpo, sí son comprendidas por otras sustancias separadas.

10-Las especies que son captadas por la vista pueden ser semejanzas de cualquier cuerpo, ya sea corruptible o incorruptible. Sin embargo, las especies que el intelecto posible recibe de los fantasmas no son semejanzas de sustancias separadas; por lo tanto, no se puede hacer la misma comparación.

17. DÉCIMO SÉPTIMA CUESTIÓN: Si el alma, cuando se separa del cuerpo, puede entender a las sustancias separadas

> Santo Tomás expone once argumentos de distintos autores, según los cuales parece que el alma separada del cuerpo no entiende a las sustancias separadas

1-Argumento de la perfección de la operación: Se argumenta que una sustancia es más perfecta cuando está unida que cuando está separada, lo que implica que el alma unida al cuerpo sería más perfecta que un alma separada. Así, si el alma unida al cuerpo no puede entender las sustancias separadas, parece que tampoco podría hacerlo una vez separada.

2-Argumento de la naturaleza o de la gracia: Se plantea si el conocimiento de las sustancias separadas por parte del alma puede lograrse por naturaleza o únicamente por gracia. Si es por naturaleza, el hecho de que el alma esté unida al cuerpo no debería impedir dicho conocimiento, pues es natural para el alma estar unida al cuerpo. Si fuera por gracia, como no todas las almas separadas tienen gracia, no todas podrían conocer las sustancias separadas.

3-Argumento de la finalidad de la unión al cuerpo: Se expone que el propósito de la unión del alma al cuerpo es adquirir conocimientos y virtudes. Dado que la mayor perfección del alma radicaría en el conocimiento de las sustancias separadas, si el alma pudiera alcanzar dicho conocimiento solo al separarse, la unión al cuerpo parecería inútil.

4-Argumento de la esencia o de la especie: Si el alma separada conoce una sustancia separada, debería hacerlo a través de la esencia de esa sustancia o mediante una especie de la misma. Sin embargo, la esencia de una sustancia separada no se identifica con el alma separada, y tampoco se puede abstraer una especie de una sustancia separada, ya que estas son simples. Así, el alma separada no podría conocer las sustancias separadas.

5-Argumento de los medios de conocimiento: Aquí se argumenta que el conocimiento solo puede darse por los sentidos o por el intelecto. Como las sustancias separadas no son sensibles, no se pueden conocer por los sentidos; tampoco se podrían conocer por el intelecto, ya que este no se ocupa de lo singular, y las sustancias separadas son singulares.

6-Argumento de la distancia entre facultades: La distancia entre el intelecto posible del alma humana y un ángel es mayor que la distancia entre la imaginación y el intelecto posible en el hombre. Si la imaginación no puede entender al intelecto posible, entonces el intelecto posible humano no puede entender una sustancia separada.

7-Argumento de la disposición hacia el bien y la verdad: Dado que algunas almas separadas, como las de los condenados, no pueden orientarse hacia el bien, se deduce que sus intelectos tampoco pueden orientarse hacia la verdad. Como el conocimiento de una sustancia separada es una forma suprema de verdad, esto implicaría que no todas las almas separadas podrían conocer las sustancias separadas.

8-Argumento de la cercanía a la felicidad: Los filósofos sostienen que la felicidad última consiste en conocer las sustancias separadas. Si las almas de los condenados pueden entender estas sustancias, parecería que están más cerca de la felicidad que los vivos, lo cual resulta contradictorio.

9-Argumento de la naturaleza del conocimiento entre inteligencias: Según el *Libro de las Causas*, una inteligencia conoce a otra según la modalidad de su propia sustancia. Sin embargo, se afirma que el intelecto posible no puede conocerse a sí mismo directamente sino mediante especies derivadas de fantasmas. Por lo tanto, el alma separada no podría conocer otras sustancias separadas.

10-Argumento de los modos de conocimiento: Existen dos modos de conocimiento: uno en el que se llega al conocimiento de lo anterior por lo posterior y otro en el que se conoce lo posterior a partir de lo anterior. En el caso de las almas separadas, no podrían seguir el primer modo, ya que este se basa en el conocimiento sensorial. Así, el alma separada debería conocer por el segundo modo, lo cual significaría que las realidades más conocidas, como la esencia divina, serían las primeras en conocerse. Esto iría en contra de la doctrina de que la visión de la esencia divina se alcanza solo por gracia, no por medios naturales.

11-Argumento de la impresión de una sustancia en otra: Una sustancia separada inferior solo puede conocer a otra si recibe una impresión de esta última. Sin embargo, la impresión de una sustancia separada en el alma separada es débil y muy limitada. Por lo tanto, el alma separada no podría entender plenamente a las sustancias separadas.

> A continuación, Santo Tomás expone un argumento de autoridad según el cual el alma que no está unida al cuerpo puede entender o conocer a las sustancias separadas

El argumento de autoridad ofrecido en contra de los once argumentos anteriores se basa en el principio de que "lo semejante es conocido por lo semejante" (en latín, *simile a simili cognoscitur*). Esto significa que para que algo sea conocido, debe haber una afinidad o semejanza entre el conocedor y lo conocido.

La conclusión del argumento es que el alma separada, al ser una *substantia separata* (es decir, una sustancia que existe independientemente del cuerpo), debería tener la capacidad de conocer otras sustancias separadas (como los ángeles o las realidades inmateriales). Dado que el alma separada comparte con estas otras sustancias la cualidad de ser independiente de lo material, la afinidad entre ellas debería permitir que el alma las entienda.

> A continuación, Santo Tomás ofrece su propia respuesta a la Cuestión planteada

Santo Tomás responde que, conforme a las enseñanzas de la fe, es razonable afirmar que las almas separadas pueden conocer las sustancias separadas, es decir, los ángeles y los demonios, en cuya compañía son destinadas, ya sea por su bien o por su mal. No parece probable que las almas de los condenados ignoren a los demonios, con quienes comparten compañía y quienes les resultan terribles; mucho menos probable es que las almas de los bienaventurados ignoren a los ángeles, cuya presencia les causa alegría. Este conocimiento de las sustancias separadas por parte de las almas separadas es razonable.

Durante su unión al cuerpo, el alma humana está orientada hacia las realidades inferiores debido a su relación con el cuerpo, por lo que su conocimiento se completa solo a través de las especies obtenidas de los fantasmas. Así, el alma solo puede llegar a conocerse a sí misma y a los demás en la medida en que es guiada por dichas especies. Sin embargo, cuando el alma se separa del cuerpo, su orientación ya no depende de lo inferior y es capaz de recibir directamente la influencia de las sustancias superiores sin la mediación de los fantasmas, que ya no estarán presentes. De esta forma, el alma se actualiza mediante esa influencia, con lo cual logra conocerse a sí misma de manera directa, al contemplar su propia esencia, y no de modo indirecto, como ocurre mientras está unida al cuerpo.

La esencia del alma pertenece al género de las sustancias separadas intelectuales, y aunque ocupa el nivel más bajo en este género, comparte con ellas el modo de subsistir, ya que todas son formas subsistentes. Así como una sustancia separada puede conocer a otra al contemplar su propia esencia, en la cual se encuentra una semejanza de la otra sustancia a través de la influencia recibida de ella o de una causa superior común, del mismo modo el alma separada, al contemplar su propia esencia, puede conocer las sustancias separadas según la influencia recibida de éstas o de una causa superior, es decir, Dios. No obstante, este conocimiento no será tan perfecto como el que las propias sustancias separadas tienen entre sí, ya que el alma ocupa el nivel más bajo entre ellas y, por lo tanto, recibe la emanación de la luz inteligible de forma limitada.

> A continuación, Santo Tomás responde a cada uno de los once argumentos expuestos inicialmente, que consideraban que el alma separada del cuerpo no puede entender o conocer a las sustancias separadas

1-El alma unida al cuerpo es, en cierto sentido, más perfecta que el alma separada, en relación con la naturaleza de la especie, pero el alma separada tiene una perfección en el acto de entender que no puede poseer mientras esté unida al cuerpo.

2-Se habla de la cognición del alma separada en el contexto de lo que le compete por naturaleza; la cognición de sustancias separadas es natural para el alma en su estado separado, pero no mientras está unida al cuerpo.

3-El conocimiento más alto que puede alcanzar el alma humana durante su existencia es el entendimiento de las sustancias separadas, pero el cuerpo le permite avanzar hacia este conocimiento a través del estudio y el mérito.

4-El alma separada no conoce la esencia de la sustancia separada, sino su especie y similitud; las especies que recibe son influencias de las realidades más elevadas.

5-El conocimiento de lo singular no se opone a la inteligencia, salvo en cuanto está determinado por la materia; las sustancias separadas pueden ser entendidas en su naturaleza esencial.

6-La imaginación y el entendimiento humano son más compatibles entre sí que el entendimiento humano y el angélico, aunque ambos coinciden en el ámbito de lo inteligible.

7-Las almas condenadas están desordenadas respecto al último fin; pueden entender muchas verdades, pero no la verdad suprema que es Dios.

8-La verdadera felicidad del ser humano radica en el conocimiento de Dios, no en el de las criaturas; los condenados, aunque sepan cosas que nosotros ignoramos, están más alejados de la verdadera felicidad.

9-El modo de conocimiento del alma separada de sí misma es diferente al que tiene mientras está unida al cuerpo, permitiendo un entendimiento más claro de su esencia.

10-Las almas separadas pueden conocer más claramente lo que les es familiar, pero esto no implica que puedan ver a Dios por su naturaleza o esencia.

11-Aunque las impresiones de las sustancias separadas en el alma separada se reciben de manera deficiente, esto no implica que no puedan conocerlas, sino que lo hacen de forma imperfecta.

18. DÉCIMO OCTAVA CUESTIÓN: Si el alma, separada del cuerpo, conoce todas las cosas naturales

> Santo Tomás expone dieciséis argumentos de diversos autores, según los cuales parece que el alma separada del cuerpo no conoce todas las cosas naturales

1-Según San Agustín, los demonios conocen muchas cosas por la experiencia de un largo tiempo, lo cual no tiene el alma inmediatamente después de la separación. Dado que los demonios tienen un intelecto más perspicaz que el alma, parece que el alma separada no puede conocer todas las cosas naturales.

2-Las almas unidas a los cuerpos no conocen todas las cosas naturales. Si al separarse del cuerpo pudieran conocer todas las cosas, significaría que adquieren conocimiento adicional tras la separación. Algunas almas han adquirido conocimiento en esta vida, lo que implicaría que después de la separación tendrían un conocimiento duplicado, lo cual parece imposible.

3-Ninguna potencia finita puede comprender lo infinito. Dado que la esencia del alma separada es finita, no puede conocer todos los aspectos infinitos de las cosas naturales, como las especies de números, figuras y proporciones, que son infinitas.

4-Todo conocimiento se produce por la asimilación entre el conocedor y lo conocido. Pero como el alma separada es inmaterial, parece imposible que se asimile a las cosas naturales, que son materiales. Por lo tanto, es improbable que el alma pueda conocer las cosas naturales.

5-El intelecto posible se asemeja a la materia prima en el ámbito de lo sensible, ya que esta no puede recibir más que una única forma en un momento dado. Por tanto, el intelecto posible separado solo podría recibir un tipo de conocimiento, y no podría conocer todas las cosas naturales a la vez.

6-Las cosas que tienen diferentes especies no pueden ser similares en especie a un mismo sujeto. Dado que la cognición ocurre por la asimilación de la especie, una sola alma separada no puede conocer todas las cosas naturales, que son de especies diversas.

7-Si las almas separadas conocen todas las cosas naturales, tendrían que poseer en sí mismas las formas que son semejanzas de las realidades naturales. Si solo conocieran géneros y especies, no conocerían los individuos, que son la máxima manifestación de la naturaleza. Si conocieran los individuos, eso implicaría que tendrían infinitas formas, lo que resulta imposible.

8-Se sostiene que las almas separadas tienen similitudes de géneros y especies y que pueden aplicarlas a los individuos. Sin embargo, el entendimiento universal no puede aplicarse a lo particular que ya no conoce. Así, los individuos seguirían siendo desconocidos para el alma separada.

9-Donde hay conocimiento, debe haber un orden entre el conocedor y lo conocido. Las almas de los condenados carecen de un orden, ya que en el infierno se dice que no hay orden, solo horror eterno. Por lo tanto, al menos las almas condenadas no conocerían las cosas naturales.

10-San Agustín afirma que las almas de los muertos no pueden conocer lo que sucede en la Tierra. Las cosas naturales son aquellas que ocurren aquí, así que las almas de los muertos no tienen conocimiento de las cosas naturales.

11-Todo lo que está en potencia se reduce al acto por aquello que está en acto. Mientras el alma humana está unida al cuerpo, está en potencia respecto a muchas cosas que puede conocer, pero no las sabe todas. Si después de la separación conoce todas las cosas naturales, debe ser a través de algo que le permita conocer, como el intelecto agente, que no puede hacer que entienda todo lo que no ha conocido previamente.

12-Se podría argumentar que el alma no se reduce a la comprensión de todas las cosas naturales a través del intelecto agente, sino por alguna sustancia superior. Sin embargo, esto no sería un conocimiento natural, sino algo artificial. La acción natural de un agente connatural es necesaria, y el intelecto agente es el único que puede actuar naturalmente en relación con el intelecto posible humano.

13-Si el alma separada se reduce a la comprensión de todas las cosas naturales, debe ser por Dios o por un ángel. Sin embargo, un ángel no puede ser la causa natural del alma misma. Además, no parece conveniente que las almas de los condenados reciban una perfección tal que conozcan todas las cosas naturales después de la muerte.

14-La máxima perfección de cualquier ser en potencia es ser reducido a la actualidad en todo lo que puede ser. Si el alma separada conoce todas las cosas naturales, parece que cada sustancia separada debería alcanzar su máxima perfección solo por separarse del cuerpo, lo cual parece incoherente.

15-El conocimiento conlleva placer. Si las almas separadas conocen todas las cosas naturales, se esperaría que las almas de los condenados experimenten una gran alegría, lo que no parece adecuado.

16-Se cita a Isaías, quien dice que los muertos no saben lo que hacen los vivos. Como lo que ocurre entre los vivos son cosas naturales, esto implica que las almas separadas no conocen todas las cosas naturales.

A continuación, Santo Tomás expone diez argumentos de autoridad según los cuales el alma separada del cuerpo entiende o conoce todas las cosas naturales. A cada uno de esos diez argumentos, el Doctor Angélico agregará,
ya sea corrigiendo, ya sea ampliando los conceptos, agudas observaciones.
Para facilitar la lectura, colocamos estas observaciones del Aquinate a continuación de cada argumento. En el texto del Tratado, figuran al final de la Cuestión 18.

1-Argumento de la conexión entre el alma separada y las sustancias separadas. Se sostiene que el alma separada conoce las sustancias separadas, y dado que en estas sustancias están las especies de todas las cosas naturales, se concluye que el alma separada conoce todas las cosas naturales.

Observa el Doctor Angélico: El alma separada no comprende perfectamente la sustancia separada. Por lo tanto, no se requiere que conozca todo lo que hay en ella a través de la similitud. Esto implica que el entendimiento del alma es limitado en comparación con la plenitud de la sustancia separada.

2-Objeción a la limitación del entendimiento. Aunque se podría argumentar que el que ve una sustancia separada no necesariamente ve todas las especies en su entendimiento, se contrapone con la afirmación de Gregorio de que aquellos que ven a Dios (quien ve todas las cosas) también ven las cosas que los ángeles ven, implicando que los que ven a los ángeles también comprenden las cosas que ellos conocen.

Observa el Doctor Angélico: Se acepta que la afirmación de Gregorio sobre el conocimiento de Dios tiene validez en cuanto al objeto inteligible, ya que Dios representa todo lo que es inteligible. Sin embargo, no es necesario que quien ve a Dios sepa todo lo que Él sabe, a menos que lo comprenda completamente, como Dios se comprende a sí mismo. Esto resalta la diferencia entre conocer a Dios y entender plenamente lo que Él conoce.

3-Inteligibilidad de la sustancia separada. Se afirma que el alma separada conoce la sustancia separada en su aspecto inteligible, lo que implica que, así como comprende la sustancia, también debe comprender las especies inteligibles que se encuentran en su entendimiento.

Observa el Doctor Angélico: Las especies que están en el intelecto de los ángeles son inteligibles para su propia naturaleza, pero no necesariamente para el intelecto del alma separada. Esto indica que el entendimiento de cada ser es distinto y que el alma separada no puede acceder al mismo nivel de conocimiento que los ángeles.

4-Identidad entre lo entendido y el entendimiento. Según este argumento, lo que se entiende en acto es forma del que entiende, por lo que si el alma separada comprende la sustancia separada, se puede concluir que también entiende todas las cosas naturales que se derivan de ella.

Observa el Doctor Angélico: Aunque se afirma que lo entendido es forma del sujeto que entiende, esto no significa que el alma separada, al entender la sustancia separada, comprenda también lo que hay en su intelecto, porque no tiene una comprensión completa de esa sustancia.

5-Relación entre inteligibles mayores y menores. Si alguien conoce los inteligibles más grandes, también debe conocer los menores. Así, si el alma separada entiende las sustancias separadas, que son muy inteligibles, entonces debería entender también otros inteligibles menores.

Observa el Doctor Angélico: Aunque el alma separada puede conocer de alguna manera las sustancias separadas, no implica que conozca todas las cosas de manera perfecta, ya que ni siquiera conoce completamente las propias sustancias separadas. Esto limita su capacidad de comprensión a un nivel imperfecto.

6-Potencia y acto del entendimiento. Se establece que si algo está en potencia para muchas cosas, se reduce al acto a través de un principio activo que las tiene en acto. Dado que el entendimiento posible del alma está en potencia respecto a todos los inteligibles y la sustancia separada está en acto respecto a ellos, se concluye que el alma separada entiende todas las cosas naturales.

Observa el Doctor Angélico: El alma separada puede ser llevada a entender todas las cosas inteligibles por una sustancia superior, pero esta comprensión es solo universal y no perfecta, como se mencionó anteriormente. Esto indica que hay un conocimiento general pero no detallado.

7-Modelos de los inferiores. Según Dionisio, los seres superiores son modelos de los inferiores. Como las sustancias separadas son superiores a las cosas naturales, se infiere que las almas separadas, al contemplar estas sustancias, conocen todas las cosas naturales.

Observa el Doctor Angélico: Aunque las sustancias separadas pueden ser vistas como modelos de todas las cosas naturales, esto no implica que al conocer estas sustancias se conozcan todas las cosas, a menos que estas sustancias fueran comprendidas en su totalidad. Esto refuerza la idea de que el conocimiento es incompleto.

8-Conocimiento a través de formas infusas. Se argumenta que las almas separadas conocen las cosas a través de formas infusas, que representan el orden del universo. Por lo tanto, las almas separadas conocen todo el orden del universo y, en consecuencia, todas las cosas naturales.

Observa el Doctor Angélico: El alma separada conoce a través de formas infusas, pero estas formas no representan las formas del orden del universo de manera específica, sino solo de manera general. Esto limita el conocimiento del alma a un nivel más abstracto y menos concreto.

9-Presencia de lo inferior en lo superior. Todo lo que hay en la naturaleza inferior se encuentra de algún modo en la superior. Dado que el alma separada es superior a las cosas naturales y se conoce a sí misma, se concluye que también conoce todas las cosas naturales.

Observa el Doctor Angélico: Las cosas naturales existen en cierto modo tanto en las sustancias separadas como en el alma. Sin embargo, en las sustancias separadas están en acto y en el alma están en potencia, lo que significa que el alma tiene el potencial para entender todas las formas naturales, pero no las posee de manera actual.

10-Conocimiento en el relato de Lázaro y el rico. Se sostiene que la narración de Lucas sobre Lázaro y el rico no es una parábola, sino un hecho real. En esta historia, se dice que el rico en el infierno conoció a Abrahán, a quien no conocía anteriormente. De aquí se deduce que las almas separadas, incluidas las de los condenados, pueden conocer algunas cosas que no conocieron en vida, lo que sugiere que pueden conocer todas las cosas naturales.

Observa el Doctor Angélico: Se menciona que la alma de Abrahán era una sustancia separada, y por lo tanto, la alma del rico podía reconocerla, así como a otras sustancias separadas. Esto implica que el reconocimiento entre almas separadas es posible, sugiriendo una capacidad de conocimiento que puede trascender la experiencia terrenal.

> A continuación, Santo Tomás ofrece su propia respuesta a la Cuestión planteada

Santo Tomás responde a la cuestión planteada afirmando que el alma separada entiende a todos los seres naturales, pero de manera relativa y no absoluta. Para esclarecer esto, señala que existe un orden en las cosas: lo que se encuentra en la naturaleza inferior también está presente de manera más excelente en la naturaleza superior. Por ejemplo, las cualidades como el calor y el frío son específicas en los seres generables y corruptibles, pero se manifiestan de manera universal en los cuerpos celestiales. De igual forma, las formas de los cuerpos materiales existen de manera particular en estos cuerpos, mientras que en las sustancias intelectuales se encuentran de manera inmaterial y universal.

Santo Tomás menciona que en el universo, todo lo que existe se halla de manera más perfecta en Dios, donde las formas y naturalezas están unidas y simples. Explica que en la creación, lo que se manifiesta es el ser de las cosas a través de la Palabra de Dios, y que estas formas son entendidas por las inteligencias angelicales, las cuales las captan en su pureza y universalidad.

El autor destaca que el conocimiento de las especies de las cosas es parte de la perfección del entendimiento, mientras que el conocimiento de los individuos no lo es en la misma medida. Los individuos son significativos solo en la medida en que salvaguardan las especies que la naturaleza busca generar. Por lo tanto, el alma separada, aunque tiene un entendimiento perfecto, no lo tiene en el mismo grado. Las sustancias superiores tienen formas más unidas y universales, mientras que las inferiores son más numerosas y menos universales, acercándose a la particularidad.

La capacidad intelectual del alma humana, que es la más baja entre las sustancias intelectuales, se une al cuerpo para recibir las formas de los seres materiales. Así, el alma humana puede entender las especies inteligibles a través de su unión con el cuerpo, mientras que, al estar separada, solo puede captar influencias de formas universales. Aunque esta recepción es menos universal que en las sustancias superiores, no tiene la potencia necesaria para obtener un conocimiento perfecto y específico de cada cosa, quedando su entendimiento en una universalidad y confusión similar a la que se da en los principios universales.

Las almas separadas adquieren este conocimiento de manera súbita, como una influencia, y no mediante un aprendizaje gradual. Así, se concluye que las almas separadas tienen un conocimiento universal de todos los seres naturales, aunque no de manera específica para cada uno. Además, hay una distinción respecto al conocimiento que poseen las almas de los santos por gracia, que las hace equiparables a los ángeles al ver todas las cosas en el Verbo.

> A continuación, Santo Tomás responde a cada uno de los dieciséis argumentos según los cuales parece que el alma separada del cuerpo no entiende o conoce a todas las cosas naturales

1-Según San Agustín, los demonios conocen las cosas de tres maneras: por revelación de los ángeles buenos, por agudeza de su propio intelecto y por experiencia prolongada. Esto sugiere que su conocimiento está limitado a ciertas fuentes y no es absoluto.

2-Aquellos que han adquirido conocimiento en esta vida tienen un entendimiento determinado sobre lo que han aprendido y un conocimiento más confuso de otros aspectos. Por lo tanto, no es contradictorio que ambos tipos de conocimiento existan en ellos.

3-La razón presentada no se relaciona con el tema en cuestión, ya que no se afirma que el alma separada conozca todas las cosas naturales de manera específica, lo que permite que haya una cantidad infinita de especies en números y proporciones.

4-Las formas de las cosas materiales existen de manera inmaterial en las sustancias inmateriales, lo que establece una relación entre ambas en cuanto a las razones de las formas, aunque no en cuanto a su modo de existencia.

5-La materia prima solo se relaciona con las formas de dos maneras: en pura potencia o en acto puro. Las formas naturales operan inmediatamente al estar en la materia, mientras que el intelecto posible se relaciona con las especies inteligibles de varias maneras.

6-Una sustancia cognoscente puede ser asimilada de dos maneras: según su ser natural o según su ser inteligible, permitiendo que se le asimilen diversas especies inteligibles.

7-Las almas separadas no solo conocen especies, sino también individuos, aunque no todos, lo que significa que no necesitan contener especies infinitas.

8-La aplicación del conocimiento universal a lo singular no causa el conocimiento de lo singular, sino que es una consecuencia del mismo.

9-El bien consiste en modo, especie y orden; en las almas condenadas no hay bien de gracia, solo de naturaleza, por lo que no tienen el orden necesario para este tipo de conocimiento.

10-San Agustín se refiere a los singulares que ocurren aquí y que no pertenecen al conocimiento inteligible.

11-El intelecto posible no puede alcanzar el conocimiento de todas las cosas naturales solo por el intelecto agente, sino por una sustancia superior que posee el conocimiento completo.

12-La respuesta a este argumento se deriva de lo anterior.

13-Las almas separadas reciben perfección de Dios a través de los ángeles, quienes les transmiten no solo perfecciones naturales sino también aquellas relacionadas con los misterios de la gracia.

14-Un alma separada, con conocimiento universal de los seres naturales, no está perfectamente en acto, ya que conocer algo en términos universales implica un conocimiento imperfecto y potencial.

15-Los condenados se entristecen por el conocimiento que tienen, ya que son conscientes de estar privados del bien supremo al cual estaban orientados.

16-La glosa se refiere a entes particulares que no contribuyen a la perfección del conocimiento inteligible.

19. DÉCIMO NOVENA CUESTIÓN: Si permanecen las potencias sensitivas en el alma separada

> Santo Tomás expone veinte argumentos de diferentes autores, según los cuales parece que las potencias sensitivas permanecen en el alma separada

1-Las potencias del alma son esenciales o propiedades naturales. Dado que nada puede separarse de su esencia o de sus propiedades naturales, las potencias sensitivas deben permanecer en el alma separada.

2-Si se dice que las potencias sensitivas permanecen en el alma separada solo como en una raíz (potencialmente), esto implica que no están en acto. Sin embargo, las esencias y propiedades deben estar en acto en la sustancia. Por lo tanto, las potencias sensitivas no pueden estar en el alma separada solo como potenciales.

3-San Agustín afirma que al separarse del cuerpo, el alma lleva consigo el sentido y la imaginación, que pertenecen a la parte sensitiva. Esto indica que las potencias sensitivas sí permanecen en el alma separada.

4-Un todo no puede considerarse completo si le faltan partes. Dado que las potencias sensitivas son partes del alma, si no permanecen en el alma separada, esta no sería íntegra.

5-El ser humano es definido por su razón e intelecto, mientras que el animal lo es por su capacidad de sentir. Si las potencias sensitivas no permanecen en el alma separada, el sentido del ser humano resucitado no sería el mismo, lo que contradice la idea de la resurrección.

6-San Agustín menciona que las almas en el infierno experimentan visiones similares a las de los dormidos, lo cual implica que estas visiones son producto de la imaginación, que pertenece a la parte sensitiva. Así, las potencias sensitivas están en el alma separada.

7-El gozo y la ira son emociones del ámbito concupiscible e irascible. Si en las almas separadas hay gozo (en el caso de los buenos) y dolor (en los malos), entonces las potencias sensitivas también deben existir en ellas.

8-El Pseudo-Dionisio Areopagita, describe los males del demonio como furor irracional y concupiscencia. Dado que estas características son de las potencias sensitivas, se concluye que estas potencias también están presentes en las almas separadas.

9-San Agustín menciona que el alma puede sentir sin cuerpo, experimentando emociones como alegría y tristeza. Esto sugiere que la capacidad de sentir está presente en el alma separada.

10-En el *Libro de las Causas*, se afirma que hay cosas sensibles en toda alma. Como estas cosas se perciben porque están en el alma, se infiere que el alma separada también tiene la capacidad de sentir.

11-San Gregorio sostiene que el relato del rico Epulón no es una parábola, lo que indica que el alma separada ve y oye. Esto muestra que las potencias sensitivas están en el alma separada.

12-El alma sensitiva y racional es la misma sustancia. Si la una no puede existir sin la otra, entonces las potencias sensitivas deben permanecer en el alma racional separada.

13-Lo que se pierde en la muerte no puede ser recuperado idénticamente. Si las potencias sensitivas no permanecen en el alma separada, no podrán resurgir en el mismo estado, lo que contradice la resurrección.

14-La justicia divina responde a los méritos y deméritos humanos, que se manifiestan a través de las acciones de las potencias sensitivas. Esto implica que estas potencias deben existir en las almas separadas para que se les pueda premiar o castigar.

15-La potencia es el principio de acción o de pasión. El alma es el principio de las operaciones sensitivas, lo que implica que las potencias sensitivas deben permanecer en el alma, ya que no pueden corromperse sin la corrupción del sujeto.

16-La memoria pertenece a la parte sensitiva. Si la memoria está presente en el alma separada, como se demuestra en el relato del rico epulón, esto indica que las potencias sensitivas están en el alma separada.

17-Las virtudes y vicios permanecen en las almas separadas, y algunos de ellos están en la parte sensitiva. Por lo tanto, las potencias sensitivas deben permanecer en el alma separada.

18-Se han registrado casos de resucitados que afirman haber visto cosas imaginarias (casas, campos, ríos). Esto sugiere que las almas separadas utilizan la imaginación, que pertenece a la parte sensitiva.

19-Los sentidos contribuyen al conocimiento intelectual. Si la capacidad de sentir se perfecciona en el alma separada, esto sugiere que las potencias sensitivas también deben estar presentes en ella.

20-Aristóteles indica que un anciano que recibe un ojo joven verá como un joven. Esto sugiere que las potencias sensitivas no se ven afectadas por la debilidad de los órganos, por lo que tampoco desaparecerían al morir, lo que implica que permanecen en el alma separada.

> A continuación, Santo Tomás expone cuatro argumentos de autoridad según los cuales las potencias sensitivas no permanecen en el alma separada

1-Argumento de la perpetuidad y la corrupción. *El Filósofo* afirma que solo aquello que es perpetuo puede separarse de lo corruptible. Las potencias sensitivas, al ser funciones del alma que dependen de la corporalidad, no pueden existir de manera separada, ya que su naturaleza está intrínsecamente relacionada con la materia. Por lo tanto, al no ser perpetuas, las potencias sensitivas no pueden permanecer en el alma una vez que esta se separa del cuerpo.

2-Dependencia de las operaciones de las potencias sensitivas. *El Filósofo* establece que las operaciones de aquellas potencias que requieren un cuerpo no pueden existir sin él. Las potencias sensitivas operan a través de órganos corporales y, si estas operaciones no pueden llevarse a cabo sin el cuerpo, se deduce que las potencias mismas tampoco pueden existir sin él. Por lo tanto, las potencias sensitivas no pueden permanecer en el alma separada.

3-Operaciones propias de las potencias. San Juan Damasceno enseña que ninguna cosa puede ser desprovista de su propia operación. Si las potencias sensitivas permanecieran en el alma separada, deberían poseer sus propias operaciones. Sin embargo, dado que estas potencias dependen de la corporalidad para operar, su existencia en el alma separada sería contradictoria y, por lo tanto, imposible.

4-Frustración de la potencia. Se argumenta que sería un absurdo que una potencia existiera sin poder ser llevada a la acción, ya que en las obras de Dios no hay lugar para la frustración. Las potencias sensitivas, al requerir un cuerpo para actuar, no podrían mantenerse en un alma separada, donde no pueden llevar a cabo sus funciones. La ausencia de capacidad para realizar acciones significaría que estas potencias serían innecesarias e inútiles en el contexto del alma separada, lo que contradice la perfección de la obra divina.

A continuación, Santo Tomás ofrece su propia respuesta a la Cuestión planteada

---

En este texto, Santo Tomás argumenta que estas potencias no son esenciales al alma misma, sino que son propiedades naturales que derivan de su esencia. Sostiene que las potencias sensitivas no forman parte de la esencia del alma, sino que son propiedades que fluyen de ella. Esto significa que las potencias están relacionadas con la naturaleza del alma, pero no son su sustancia fundamental.

Se explica que un accidente, como las potencias, puede corromperse de dos maneras: por la acción de un contrario o por la corrupción de su sujeto. Dado que las potencias del alma no tienen un contrario inherente, solo pueden ser destruidas cuando su sujeto, que es el cuerpo, se corrompe. Esto establece que, si las potencias sensitivas se destruyen, es únicamente a través de la corrupción del cuerpo.

Para entender si las potencias sensitivas continúan existiendo en el alma separada o si se corrompen con el cuerpo, es esencial considerar qué constituye el sujeto de estas potencias. Santo Tomás señala que el sujeto debe ser algo que puede actuar o sufrir; es decir, debe ser un ente que pueda tener acción o pasión.

Además, Santo Tomás discute las diferentes posturas sobre las operaciones sensoriales. Los neo-platónicos, por ejemplo, argumentaban que el alma sensitiva tiene una operación propia y que puede moverse a sí misma, separándose de la acción sobre el cuerpo. Proponen una distinción entre operaciones interiores, que son propias del alma, y exteriores, que dependen del cuerpo. Sin embargo, Santo Tomás refuta esta posición, argumentando que las potencias sensitivas no pueden operar independientemente del cuerpo y, por ende, no pueden tener existencia separada.

Finalmente, concluye que las potencias sensitivas existen en el compuesto, es decir, en la unión del alma y el cuerpo, como en su sujeto, pero derivan de la esencia del alma como principio. Cuando el cuerpo es destruido, las potencias sensitivas también se destruyen, aunque permanecen en el alma como su raíz o principio. Por lo tanto, las potencias sensitivas no son independientes del cuerpo y no pueden permanecer en el alma separada de manera activa.

A continuación, Santo Tomás responde a cada uno de los veinte

> argumentos según los cuales parece que las potencias sensitivas permanecen en el alma separada

1-Las potencias sensitivas no son parte de la esencia del alma. Santo Tomás establece que las potencias sensitivas son propiedades naturales que dependen del alma como principio, pero no son esenciales a su existencia. Esto significa que, aunque las potencias derivan de la esencia del alma, no forman parte de su constitución fundamental.

2-Las potencias en el alma separada son como raíces. Se argumenta que las potencias sensitivas en el alma separada existen de manera potencial, no actual. El alma separada puede ser vista como capaz de volver a manifestar estas potencias si se une nuevamente a un cuerpo, similar a cómo una planta puede crecer a partir de su raíz.

3-Autenticidad de una autoridad citada. Santo Tomás rechaza la validez de una cita atribuida a San Agustín, argumentando que el texto en cuestión no es realmente suyo. Sugiere que la cita podría interpretarse de manera que reconozca las potencias en el alma separada no como existentes, sino como potenciales.

4-Naturaleza de las potencias del alma. Se aclara que las potencias del alma no son partes esenciales, sino que son potenciales. Algunas potencias son inherentes al alma misma, mientras que otras están presentes en el compuesto del alma y el cuerpo.

5-Diferenciación del sentido. Se distingue entre el sentido como principio del alma sensitiva y el sentido como potencia. En el contexto humano, el sentido como esencia del alma sensitiva y racional es el mismo, por lo que el ser humano resucitado mantiene su identidad, aunque las propiedades y accidentes pueden no ser los mismos.

6-Retractación de una posición sobre el Infierno. Santo Tomás se refiere a la retractación de San Agustín sobre la naturaleza del Infierno, sugiriendo que cualquier argumento relacionado con el Infierno también debe ser reconsiderado a la luz de esta retractación.[10]

7-Emociones en el alma separada. Se explica que en el alma separada no existen emociones como el gozo o la ira en su forma sensible, ya que estas son inherentes a la parte sensitiva. Sin embargo, puede haber movimientos de la voluntad, que pertenecen a la parte intelectual.

8-Mal y demonios. Se discute que el mal en los demonios no debe ser entendido en términos de las emociones sensitivas, sino como cualidades que se corresponden con su naturaleza intelectual, utilizando el término "mal" de manera analógica.

9-Sentidos sin órganos corporales. Santo Tomás aclara que las afirmaciones de que el alma puede sentir sin un cuerpo no implican una percepción sensitiva sin órganos, sino que se refieren a sentimientos como el miedo y la tristeza que no dependen directamente de la interacción con objetos físicos.

10-Incorporación de objetos en el alma separada. Se argumenta que los objetos sensibles no están en el alma separada de manera sensible, sino que se perciben de manera inteligible.

11-Metáforas en las Escrituras. Se menciona que algunas descripciones en los Evangelios son metafóricas, como las visiones de Lázaro, lo que implica que no se debe tomar de manera literal que el alma separada percibe a través de los sentidos.

12-Sustancia del alma después de la muerte. Se sostiene que la esencia del alma sensible persiste después de la muerte, pero las potencias sensitivas no lo hacen.

13-Relación entre potencias y cuerpo. Santo Tomás compara las potencias sensitivas con el sentido, afirmando que no son actos del cuerpo en sí, sino que dependen del alma como principio, y que la resurrección no requiere un nuevo órgano sensitivo.

14-Recompensa y mérito. Se explica que la recompensa en el más allá no requiere que todas las acciones sean reconstituidas, sino que lo esencial es que sean recordadas por Dios, evitando la necesidad de volver a vivir experiencias dolorosas.

15-El alma como principio de percepción. Se hace hincapié en que el alma es el principio de la percepción, no como un ente que siente, sino como el principio que permite la sensación a través de las potencias.

16-Memoria en el alma separada. La memoria en el alma separada no es la misma que la parte sensitiva, sino que pertenece a la parte intelectual, considerada una parte de la imagen de Dios.

17-Virtudes y vicios en el alma separada. Se argumenta que las virtudes y vicios asociados a la parte irracional del alma no permanecen en el alma separada, a excepción de sus principios en la voluntad y la razón.

18-Conocimiento del alma separada. Se establece que el conocimiento del alma separada no es el mismo que el del alma unida al cuerpo, ya que esta última requiere de la imaginación. El alma separada tiene un modo propio de conocer.

19-Dependencia del intelecto del sentido. Se aclara que el intelecto necesita del sentido solo en un estado de cognición imperfecta, no en la perfección que corresponde al alma separada.

20-Debilitación de potencias. Finalmente, Santo Tomás concluye que las potencias sensitivas no se debilitan por sí mismas, sino que su corrupción es un efecto indirecto de la corrupción del organismo al que están unidas.

20. VIGÉSIMA CUESTIÓN: Si el alma separada del cuerpo conoce a los entes particulares

> Santo Tomás expone dieciocho argumentos de distintos autores, según los cuales parece que el alma separada del cuerpo no conoce a los entes particulares

1-En el alma separada queda solamente el entendimiento como potencia del alma. Sin embargo, el objeto del entendimiento es lo universal, no lo singular. La ciencia se refiere a lo universal, mientras que el sentido se refiere a lo singular, como dice Aristóteles en *De Anima* .Por lo tanto, el alma separada no conoce lo singular, sino únicamente lo universal.

2-Si el alma separada conoce lo singular, lo hará a través de formas adquiridas previamente mientras estaba en el cuerpo, o a través de formas que le son infundidas. Sin embargo, no puede conocer a través de formas previamente adquiridas, ya que algunas de estas formas son intenciones individuales que permanecen en las potencias del sentido, las cuales no pueden subsistir en el alma separada. Las intenciones universales que residen en el entendimiento son las únicas que pueden permanecer, pero estas no permiten conocer lo singular. Así, el alma separada no puede conocer lo singular a través de las especies que adquirió en el cuerpo. Lo mismo ocurre con las especies infusas, porque tales especies se relacionan de igual manera con todos los singulares. Esto implicaría que el alma separada conocería todos los singulares, lo cual no parece ser cierto.[11]

3-El conocimiento del alma separada se ve obstaculizado por la distancia del lugar. San Agustín, en su obra *De cura pro mortuis gerenda*, afirma que las almas de los muertos no pueden conocer lo que aquí sucede. Sin embargo, el conocimiento que se da a través de especies infusas no se ve afectado por la distancia. Por tanto, el alma no conoce lo singular a través de especies infusas.

4-Las especies infusas se relacionan de igual manera con lo presente y con lo futuro, ya que la influencia de las especies inteligibles no está sujeta al tiempo. Si el alma separada conoce lo singular a través de especies infusas, parecería que no solo conoce lo presente o lo pasado, sino también lo futuro, lo cual no puede ser, ya que conocer lo futuro es exclusivo de Dios, como se menciona en *Isaías* 10, 22.

5-Los singulares son infinitos, mientras que las especies infusas no son infinitas. Por lo tanto, el alma separada no puede conocer lo singular a través de especies infusas.

6-Lo indistinto no puede ser principio de un conocimiento distinto. Sin embargo, el conocimiento de lo singular es distinto. Dado que las formas infusas son indistintas (universales), parece que el alma separada no puede conocer lo singular a través de ellas.

7-Todo lo que es recibido en algo se recibe según la naturaleza del receptor. El alma separada es inmaterial, por lo que las formas infusas se reciben inmaterialmente. Sin embargo, lo inmaterial no puede ser principio de un conocimiento de lo singular, que está individuado por la materia. Por tanto, el alma separada no puede conocer lo singular a través de formas infusas.

8-Se podría argumentar que el alma separada puede conocer lo singular a través de formas infusas, porque son similitudes de las razones ideales, por las cuales Dios conoce tanto lo universal como lo singular. Sin embargo, Dios conoce lo singular en cuanto es el principio de individuación, que es la materia. Las formas infusas del alma separada no son materia productora, ya que eso solo le corresponde a Dios. Por lo tanto, el alma separada no puede conocer lo singular a través de formas infusas.

9-La similitud de la criatura con Dios no puede ser por univocación, sino solo por analogía. Pero el conocimiento que se da a través de la similitud analógica es muy imperfecto; es como si algo se conociera por otro, en la medida en que ambos comparten la existencia. Si el alma separada conoce lo singular a través de especies infusas, parece que lo haría de la manera más imperfecta.

10-Se ha dicho anteriormente que el alma separada no conoce lo natural a través de formas infusas, sino de una manera confusa y universal. Sin embargo, esto no puede considerarse un conocimiento. Por lo tanto, el alma separada no conoce lo singular a través de especies infusas.

11-Las especies infusas mediante las cuales se dice que el alma separada conoce lo singular no son causadas inmediatamente por Dios, ya que, según Dionisio, la ley divina es reducir lo inferior por lo intermedio. Ni tampoco son causadas por un ángel, porque un ángel no puede causar tales especies, ya que no es creador de nada. Por lo tanto, parece que el alma separada no tiene especies infusas a través de las cuales conozca lo singular.

12-Si el alma separada conoce lo singular a través de especies infusas, solo puede ser de dos maneras: o aplicando las especies a los singulares, o volviéndose hacia las especies mismas. Si aplica las especies a los singulares, queda claro que tal aplicación no se realiza tomando algo de los singulares, ya que no tiene potencias sensitivas que puedan recibir de ellos. Queda por tanto que la aplicación se realiza colocando algo en relación con los singulares, y así no conocerá los singulares mismos, sino solo lo que coloca en relación con ellos. Si conoce los singulares volviéndose hacia las especies, se seguirá que solo los conocerá según están en esas especies. Sin embargo, en las especies mencionadas no hay singulares, sino solo universales. Por lo tanto, el alma separada no conoce los singulares sino de manera universal.

13-Ningún ser finito puede conocer lo infinito. Los singulares son infinitos. Por lo tanto, dado que la potencia del alma separada es finita, parece que no puede conocer lo singular.

14-El alma separada no puede conocer nada sino mediante una visión intelectual. Sin embargo, San Agustín, en su *Super Genesim ad Litteram*, dice que mediante la visión intelectual no se conocen ni los cuerpos ni las similitudes. Por lo tanto, dado que los singulares son cuerpos, parece que no pueden ser conocidos por el alma separada.

15-Donde hay la misma naturaleza, hay el mismo modo de operar. El alma separada tiene la misma naturaleza que el alma unida al cuerpo. Dado que el alma unida al cuerpo no puede conocer lo singular mediante el entendimiento, parece que el alma separada tampoco puede hacerlo.

16-Las potencias se distinguen según los objetos. Pero lo que cada uno recibe, lo recibe de un modo distinto. Por lo tanto, los objetos son más distintos que las potencias. Sin embargo, el sentido nunca se convertirá en entendimiento. Por lo tanto, lo singular, que es sensible, nunca se convertirá en inteligible.

17-La potencia cognitiva de un orden superior se multiplica menos respecto a lo cognoscible del mismo orden que la potencia de un orden inferior. El sentido común conoce todo lo que es percibido por los cinco sentidos exteriores. Igualmente, el ángel, con una sola potencia cognitiva, el entendimiento, conoce lo universal y lo singular que el hombre capta a través del sentido y el entendimiento. Sin embargo, la potencia de orden inferior nunca puede captar lo que es del otro orden que le es distinto, como el sentido de la vista no puede captar lo que es objeto del oído. Por lo tanto, el entendimiento del hombre nunca podrá captar lo singular, que es objeto del sentido, aunque el entendimiento del ángel pueda conocer ambos.

18-En el *Libro de las Causas* se dice que la inteligencia conoce las cosas en cuanto es causa de ellas o en cuanto las rige. Sin embargo, el alma separada no causa los singulares ni los rige. Por lo tanto, no los conoce.

A continuación, Santo Tomás expone tres argumentos de autoridad, según los cuales el alma separada del cuerpo conoce a los entes particulares. A cada uno de esos tres argumentos, el Doctor Angélico agregará,

> ya sea corrigiendo, ya sea ampliando los conceptos, agudas observaciones. Para facilitar la lectura, colocamos estas observaciones del Aquinate a continuación de cada argumento. En el texto del Tratado, figuran al final de la Cuestión 20

Argumento 1: Formación de proposiciones

El acto de formar proposiciones es una función exclusiva del intelecto. Cuando el alma, incluso estando unida al cuerpo, formula una proposición con un sujeto singular y un predicado universal (por ejemplo, "Sócrates es hombre"), implica que el alma debe conocer el singular y su relación con el universal. Esto demuestra que el intelecto, al operar con las singularidades, tiene la capacidad de conocer los entes particulares. Por lo tanto, el alma separada también tiene la capacidad de conocer singularidades a través del intelecto, ya que la formulación de proposiciones es una evidencia de esta capacidad cognitiva.

Observa el Doctor Angélico: El alma unida al cuerpo puede conocer lo singular no de manera directa, sino a través de una reflexión. Es decir, al entender lo que es inteligible, el alma reflexiona sobre su propia actividad y sobre la especie inteligible que da origen a su operación. A partir de esta reflexión, puede considerar las imágenes (fantasmas) y los particulares, ya que las imágenes son representaciones de lo singular. Sin embargo, esta reflexión requiere de la actividad de la imaginación y la cogitativa, que no están presentes en el alma separada. Por lo tanto, el alma separada no puede conocer lo singular de esta manera.

Argumento 2: Comparación con los Ángeles

El alma humana es inferior en naturaleza a todos los ángeles. Sin embargo, los ángeles de la jerarquía inferior reciben iluminaciones sobre los efectos singulares, a diferencia de los ángeles de jerarquías superiores, que se enfocan en las razones universales de los efectos. Dado que la cognición particular es más intensa en seres de orden inferior, se infiere que el alma separada, al ser de un orden inferior que los ángeles, tiene una capacidad aún mayor para conocer los entes particulares. Esto refuerza la idea de que el alma separada tiene acceso a la cognición de singularidades.

Observa el Doctor Angélico: Los ángeles de la jerarquía inferior conocen las razones de los efectos singulares no a través de especies individuales, sino mediante razones universales. Esto se debe a su gran capacidad intelectual, que les permite comprender lo singular a partir de lo universal. Aunque las razones que ellos perciben son universales en sí mismas, se consideran particulares en comparación con las razones más universales que reciben los ángeles de la jerarquía superior. Esto implica que los ángeles tienen un conocimiento más amplio y profundo que el del alma separada.

Argumento 3: Capacidades del alma en relación con los sentidos

Cualquier cosa que una potencia inferior puede hacer, una potencia superior también puede hacerlo. Como el sentido, que es una facultad inferior al intelecto, puede conocer los entes particulares, se puede concluir que el alma separada, al funcionar a través de su intelecto, también puede conocer singularidades. Este argumento resalta la idea de que, dado que el sentido puede captar lo singular, el intelecto del alma separada debe ser capaz de realizar esta tarea de manera aún más eficaz.

Observa el Doctor Angélico: Se afirma que lo que puede hacer un ser de menor jerarquía (en este caso, el sentido) también puede hacerlo un ser de mayor jerarquía (el intelecto), pero de una forma más excelente. Es decir, las mismas cosas que los sentidos perciben de manera material y singular, el intelecto las comprende de forma inmaterial y universal. Esta diferencia en el modo de conocimiento subraya la superioridad del entendimiento intelectual sobre la percepción sensorial y muestra que la comprensión intelectual es más completa que la percepción sensorial.

A continuación, Santo Tomás ofrece su propia respuesta a la Cuestión planteada

Santo Tomás sostiene que el alma separada puede conocer ciertas singularidades, aunque no todas. Esta capacidad cognitiva está relacionada con la memoria de lo que conoció mientras estaba unida al cuerpo, lo que le permite recordar experiencias pasadas y evitar que el alma carezca de conciencia. Asimismo, el alma separada puede conocer singularidades incluso después de la separación, pues de lo contrario no podría experimentar sufrimiento, como el fuego del Infierno y otras penas corporales. Sin embargo, no tiene conocimiento de todas las singularidades a través de su conocimiento natural, lo que queda claro en el hecho de que las almas de los difuntos ignoran lo que sucede en la tierra, como indica San Agustín.

La cuestión presenta dos dificultades: la primera es común a todos, ya que el intelecto humano parece estar limitado al conocimiento de universales, lo que suscita dudas sobre la capacidad de Dios, los ángeles y las almas separadas para conocer lo singular. Algunos incluso han negado que Dios y los ángeles tengan este conocimiento, lo cual resulta inaceptable, pues implicaría que la providencia divina no se aplicaría a las cosas y que el juicio divino sobre las acciones humanas quedara anulado. Otros sugieren que Dios y los ángeles conocen los singulares a partir del conocimiento de las causas universales que rigen el orden del universo, ya que no hay nada en los singulares que no derive de estas causas universales. Sin embargo, esta noción no resulta suficiente para una verdadera comprensión de lo singular, ya que, aun uniendo universales, nunca se llega a lo singular. Por ejemplo, al hablar de un "hombre blanco y músico", no se puede concluir que se trata de un individuo específico, ya que múltiples personas pueden compartir esas características.

A pesar de que hay quienes argumentan que los ángeles y las almas separadas obtienen su conocimiento de los singulares directamente de esos mismos singulares, esta idea es incorrecta. La razón es que hay una gran diferencia entre lo inteligible y lo material o sensible; la forma de una cosa material no se capta inmediatamente por el intelecto, sino que requiere múltiples intermediarios. La forma de un objeto sensible debe pasar a través de diferentes niveles antes de llegar al intelecto, lo que imposibilita que los ángeles o el alma separada conozcan directamente las formas de los singulares.

En cambio, las formas que permiten al intelecto conocer son de dos tipos: algunas son causantes de las cosas y otras son recibidas de las mismas. Las primeras permiten un conocimiento basado en su capacidad de generar, mientras que las segundas no pueden conducir al conocimiento singular, ya que el artífice conoce la casa en términos generales, pero no puede identificarla sin la ayuda de los sentidos. Por su parte, Dios, a través de su intelecto, no solo produce la forma que da razón de lo universal, sino también la materia que es principio de individuación, lo que le permite conocer tanto lo universal como lo singular.

Santo Tomás concluye que las entidades separadas, como las almas, pueden conocer no solo los universales, sino también los singulares, ya que las especies inteligibles que de Dios emanan les permiten percibir las cosas según su forma y materia. Esto no implica que el alma humana tenga el mismo nivel de conocimiento. Su conocimiento de los singulares es más limitado y está condicionado a su conexión con el cuerpo, ya que su capacidad de conocimiento es proporcional a las formas universales que recibe. Así, el alma separada no conoce todos los naturales en términos específicos y completos, sino en una universalidad confusa. Sin embargo, puede conocer ciertos singulares a los que tiene una relación especial o inclinación, dependiendo de las impresiones que haya recibido durante su vida. Esto demuestra que el alma separada tiene la capacidad de conocer singularidades, aunque de manera parcial y no exhaustiva.

> Santo Tomás responde a cada uno de los dieciocho argumentos según los cuales parece que el alma separada del cuerpo no conoce a los entes particulares

1-El intelecto humano conoce a través de especies que son abstraídas de la materia, lo que le impide conocer lo singular, que depende de la materia. Sin embargo, el intelecto del alma separada tiene formas que le permiten conocer lo singular.

2-El alma separada no conoce lo singular a través de especies previamente adquiridas, sino mediante especies nuevas que recibe. No obstante, esto no implica que pueda conocer todas las singularidades.

3-El alma separada no está limitada por la distancia física para conocer, pero no tiene la capacidad suficiente para conocer todas las singularidades a través de las formas que recibe.

4-Ni siquiera los ángeles conocen todos los futuros contingentes, ya que dependen de las especies de los entes presentes en sus causas. Así, lo que aún no existe en el presente no puede ser conocido por ellos.

5-Los ángeles conocen singularidades naturales a través de una sola especie, a diferencia de las almas separadas, que no pueden conocer todas las singularidades.

6-Si las especies fueran meramente recibidas, no podrían representar lo singular adecuadamente. Las especies que recibe el alma separada son ideales y pueden representar lo singular de manera efectiva.

7-Aunque las especies que recibe el alma separada son inmateriales, son similares a las cosas de las que proceden y pueden distinguir lo singular.

8-Las formas intelectuales no crean las cosas, pero son similares a las que las crean en cuanto a su capacidad de representar la realidad.

9-Las formas que recibe el alma separada no son iguales a las ideas en la mente divina, pero esto no impide que las cosas sean conocidas a través de ellas.

10-Las especies que recibe el alma están determinadas por su disposición, permitiéndole conocer ciertos singularidades.

11-Las especies en el alma separada son causadas por Dios a través de los ángeles, lo que no impide que algunas almas sean superiores a ciertos ángeles en la gloria.

12-El alma separada conoce lo singular en la medida en que son representaciones de lo singular, y las aplicaciones que se mencionan no son causantes de esta forma de conocimiento.

13-Aunque los singularidades son infinitas en potencia, no en acto. Por lo tanto, tanto los ángeles como las almas separadas pueden conocer singularidades infinitas de una en una, similar a cómo nuestra mente comprende infinitos números.

14-San Agustín no afirma que los cuerpos no sean conocidos por el intelecto, sino que el intelecto no es movido por cuerpos de la misma forma que lo son los sentidos.

15-Aunque el alma separada es de la misma naturaleza que la unida al cuerpo, su separación le permite tener un acceso más libre a las realidades superiores y conocer a través de formas intelectuales.

16-Lo singular no se vuelve inteligible a través de la modificación sensorial, sino a través de la representación que una forma inmaterial puede ofrecer.

17-El alma separada recibe especies intelectuales de una manera que le permite conocer tanto a través de la sensación como del intelecto.

18-Aunque el alma separada no causa ni gobierna las cosas, tiene formas que son semejantes a las de un causante. Esto se relaciona con el conocimiento que tiene de la realidad.

21. VIGÉSIMO PRIMERA CUESTIÓN: Si el alma, separada del cuerpo, puede sufrir el castigo del fuego corporal

> Santo Tomás expone veintidós argumentos de diversos autores, según los cuales parece que el alma separada no puede sufrir pena por el fuego corpóreo

1-Se argumenta que nada padece a menos que esté en potencia. Como el alma separada solo está en potencia según el entendimiento y no tiene potencias sensitivas, no puede padecer sufrimiento a través del fuego corporal, ya que esto podría percibirse como una experiencia placentera desde el punto de vista de la inteligencia.

2-Se sostiene que para que algo sufra, debe haber comunicación en la materia entre el agente y el paciente. Dado que el alma es inmaterial y el fuego es material, no pueden comunicarse, por lo que el alma no puede sufrir de él.

3-Se dice que lo que no toca no puede actuar. El fuego no puede tocar al alma, ni siquiera en términos de la última cantidad, ya que el alma es incorpórea. Por tanto, no puede sufrir a causa del fuego.

4-Se distingue entre sufrir como sujeto (como lo hace la madera con el fuego) y sufrir como contrario. El alma no puede sufrir del fuego como sujeto porque ello implicaría que el fuego se convertiría en forma del alma, lo que es imposible.

5-Se establece que debe haber alguna proporción entre el agente y el paciente. Dado que el alma y el fuego pertenecen a géneros diferentes, no hay proporción, lo que significa que el alma no puede sufrir del fuego.

6-Se afirma que todo lo que sufre se mueve. El alma no se mueve porque no es un cuerpo, así que no puede sufrir.

7-Se sostiene que el alma es más digna que un cuerpo de quintaesencia, y dado que este último es impasible, con mayor razón lo es el alma.[12]

8-Se menciona que el agente es más noble que el paciente. Como el fuego no es más noble que el alma, no puede actuar sobre ella.

9-Se argumenta que aunque se podría decir que el fuego actúa como instrumento de la justicia divina, no es adecuado para castigar el alma, ya que no se ajusta a la naturaleza del fuego.

10-Se menciona que Dios, siendo el autor de la naturaleza, no actúa contra la naturaleza. Hacer que lo corporal actúe sobre lo incorpóreo sería contrario a la naturaleza.

11-Se argumenta que Dios no puede hacer que lo contradictorio sea verdadero simultáneamente. Como el ser impasible es esencial para el alma, no puede sufrir.

12-Se sostiene que cada cosa actúa según su propia naturaleza. El fuego no tiene la potencia de actuar sobre lo espiritual, y si Dios le diera esta capacidad, dejaría de ser fuego corporal.

13-Se argumenta que lo que se hace por virtud divina tiene una verdadera naturaleza. Si el alma sufre por el fuego, tendría que hacerlo según la naturaleza del sufrimiento, lo que implicaría que podría recibir de manera incorpórea, lo que no sería un castigo.

14-Se dice que ningún instrumento actúa de forma instrumental sin ejercer su acción propia. Como el fuego no puede actuar sobre el alma de manera natural, no puede ser un instrumento de justicia divina.

15-Se refuta la idea de que el fuego detiene al alma. Si el alma estuviera unida al fuego, implicaría que el alma podría darle vida, lo cual es imposible.

16- Se argumenta que lo que está atado a algo no puede separarse de ello. Sin embargo, los espíritus condenados a veces se separan del fuego infernal, lo que implica que no sufren de este modo.

17- Se sostiene que lo que se ata a algo, impide su operación. La operación propia del alma es entender, y no puede ser impedida por un vínculo con algo corporal.

18- Si el sufrimiento del alma solo se debiera a la detención, entonces otras cosas corporales deberían ser capaces de causarle sufrimiento más que el fuego.

19- Se menciona que, según Agustín y Damasceno, el fuego infernal no es material, lo que apoya la idea de que el alma no puede sufrir de un fuego corporal.

20- Se dice que un siervo es castigado para ser corregido. Sin embargo, los condenados en el infierno son incorregibles, por lo que no deberían ser castigados con fuego corporal.

21- Se argumenta que las penas son consecuencia de acciones contrarias. Dado que el alma se ha sometido a las cosas corporales, no debería ser castigada por medio de cosas corporales.

22- Finalmente, se establece que así como las recompensas se dan a los justos, éstas son espirituales y no corporales. Por lo tanto, si se menciona el castigo corporal, se debe interpretar de manera metafórica.

> A continuación, Santo Tomás expone un argumento de autoridad según el cual parece que el alma separada puede sufrir pena por el fuego corpóreo

Este argumento se basa en la autoridad de las Escrituras, específicamente en el pasaje del *Evangelio de Mateo* capítulo XXV, donde se menciona que tanto los cuerpos de los condenados como las almas de estos, junto con los demonios, son castigados con el mismo fuego eterno.

1-Identidad del fuego. Se señala que el fuego que se utiliza para castigar a los cuerpos de los condenados es el mismo que se menciona en relación con las almas y los demonios. Este fuego se describe como "preparado para el diablo y sus ángeles", lo que implica que tiene una función punitiva para todos los seres involucrados.

2-Necesidad de la pena. Según el argumento, es necesario que los cuerpos de los condenados sean castigados con fuego corpóreo. Si se establece que el fuego tiene la capacidad de infligir dolor o sufrimiento a los cuerpos, la lógica sugiere que, dado que las almas de los condenados también son objeto de este castigo, deben sufrir de manera similar.

3-Razonamiento paralelo. Se utiliza un razonamiento por analogía, estableciendo que así como los cuerpos son punidos con fuego, las almas separadas también deben serlo, ya que todos pertenecen a la misma categoría de seres que están bajo el juicio de la justicia divina. Esta equivalencia sugiere que si los cuerpos pueden sufrir, las almas también tienen la capacidad de experimentar dolor a través del fuego corpóreo.

> A continuación, Santo Tomás ofrece su propia respuesta a la Cuestión planteada

Santo Tomás, al abordar la cuestión de cómo el alma puede sufrir pena a causa del fuego corpóreo, establece que ha habido diversas opiniones al respecto. Algunos, como Orígenes, sostienen que el fuego del que se habla en las Escrituras es solo una metáfora para expresar la aflicción espiritual del alma. Sin embargo, Santo Tomás considera insuficiente esta interpretación, apoyándose en la idea de que, según San Agustín, es necesario entender que el fuego es realmente corporal, ya que tanto los cuerpos de los condenados como las almas y los demonios son castigados por él.

Otros han argumentado que aunque el fuego es corporal, el alma no padece directamente de él, sino que sufre debido a una especie de visión imaginaria del fuego, similar a cómo una persona puede angustiarse por un sueño aterrador que no refleja una realidad física. No obstante, Santo Tomás rechaza esta posición porque ya ha sido demostrado que las potencias sensoriales, como la imaginación, no existen en el alma separada. Por lo tanto, concluye que el alma separada sí sufre a causa del fuego corporal, pero la naturaleza de este sufrimiento es compleja.

Algunos sostienen que el alma padece al ver el fuego, basándose en la idea de que al percibirlo sufre. Sin embargo, Santo Tomás observa que ver es una perfección, y toda visión debería ser placentera, lo que contradice la idea de sufrimiento. Por ello, se sugiere que el sufrimiento del alma proviene de la percepción del fuego como algo dañino. Esto lleva a la necesidad de considerar si el fuego es realmente dañino para el alma. Santo Tomás concluye que, efectivamente, el fuego corporal es nocivo para el alma.

El sufrimiento del alma no se produce a través de una alteración, como sucede con los cuerpos, sino que se manifiesta a través de una privación de lo que naturalmente le corresponde. Así, el sufrimiento se puede dar de dos maneras: una es a través de una alteración directa, como la que experimenta un cuerpo que se quema; la otra es a través de la obstrucción de su inclinación natural. En el caso del alma, que no está ligada a un lugar físico por su propia naturaleza, el hecho de estar atada a un cuerpo o a un fuego corporal es en sí mismo una forma de sufrimiento, ya que esto va en contra de su naturaleza y deseos.

Este tipo de sufrimiento se da a través de la acción de una fuerza superior que obliga al alma a permanecer ligada a algo corporal. Así, el alma puede ser sometida a penas a través del fuego corporal no porque sea afectada de manera física, sino porque esta unión forzada implica una limitación de su libertad y naturaleza espiritual. Santo Tomás concluye que el mayor sufrimiento de los condenados proviene de su separación de Dios y su sometimiento a la naturaleza corporal, lo cual es una experiencia profundamente dolorosa para el alma creada para unirse a Dios.

> A continuación, Santo Tomás responde a cada uno de los veintidós argumentos expuestos inicialmente, según los cuales parece que el alma separada no puede sufrir pena por el fuego corpóreo

1-Argumento sobre la recepción del fuego. En relación a los argumentos 1 a 7, Santo Tomás aclara que no se sostiene que el alma sufra del fuego corporal únicamente por recibirlo o por la alteración que este podría causar. Esto implica que el sufrimiento no se produce en el sentido físico habitual, ya que el alma tiene una naturaleza distinta de los cuerpos materiales.

2-La acción del fuego como instrumento. En relación al octavo argumento, se señala que el fuego actúa no por su propia virtud, sino como un instrumento de la justicia divina. Por lo tanto, lo que se considera relevante no es la dignidad del fuego en sí, sino la autoridad de la justicia de Dios que lo utiliza para llevar a cabo el castigo.

3-Cuerpos como instrumentos de castigo. En relación al noveno argumento, establece que los cuerpos son instrumentos adecuados para castigar a los condenados. Esto se basa en la idea de que quienes se negaron a someterse a Dios, que es su superior, deben ser sometidos a las criaturas inferiores como parte de su castigo.

4-Acciones de Dios sobre la naturaleza. En relación al décimo argumento, se sostiene que aunque Dios no actúa contra la naturaleza, puede operar sobre la naturaleza, haciendo cosas que ésta no puede. Esto sugiere que el sufrimiento del alma puede estar fuera de las leyes naturales.

5-Impasibilidad del alma. En relación al undécimo argumento aborda que el alma es impasible con respecto a los cambios que pueden provocar los cuerpos. Esto significa que, según su esencia, el alma no sufre cambios como lo harían los cuerpos.

6-Acción instrumental del fuego. En relación al duodécimo argumento, se destaca que el fuego no puede actuar sobre el alma de manera natural, sino solamente de manera instrumental. Esto implica que el fuego no pierde su naturaleza al actuar sobre el alma.

7-Los modos de sufrimiento. En relación al decimotercer argumento, se reafirma que el alma no sufre del fuego corporal de los modos mencionados anteriormente, reafirmando el enfoque en el uso del fuego como instrumento de la justicia divina.

8-Relación del fuego con el alma. En relación al decimocuarto argumento, se menciona que aunque el fuego no calienta el alma, tiene una relación operativa o de aptitud hacia ella, que se asemeja a la conexión entre cuerpos y espíritus.

9-Unión del alma con el fuego. En relación al decimoquinto argumento aclara que el alma no se une al fuego como una forma que le da vida, sino de una manera en que los espíritus se conectan con los lugares corporales por medio de la acción de la virtud.

10-Apreciación del fuego como nocivo. En relación al decimosexto argumento, se explica que el alma puede ser afligida por el fuego en tanto lo percibe como nocivo, aun cuando no esté físicamente atrapada, lo que puede llevar a la angustia incluso en ausencia de un contacto directo.

11-Limitación de la libertad. En relación al decimoséptimo argumento, se indica que aunque el alma no se vea impedida en sus operaciones intelectuales, sí pierde cierta libertad natural al estar obligada a sufrir.

12-La pena de Gehena. En relación al decimoctavo argumento resalta que la pena de Gehena no se limita a las almas, sino que también afecta a los cuerpos, con el fuego siendo un símbolo del sufrimiento corporal más intenso.

13-Interpretación de Agustín. En relación al decimonoveno argumento, se menciona que San Agustín no establece una doctrina definitiva al respecto, sino que explora la idea de que el sufrimiento de las almas puede relacionarse con el fuego como nocivo en el contexto de la detención y atadura que ejerce sobre el alma, impidiéndole unirse a Dios.

14-Corrección de la visión de Gregorio. En relación al vigésimo argumento, se critica la idea de que todas las penas de Dios son purgativas y se aclara que hay castigos que conducen a la condenación final, mostrando que las penas pueden ser tanto correctivas como punitivas.

15-Contrariedad de la pena. En relación al vigésimo primero, se afirma que la pena es contraria a la intención del pecador, quien busca satisfacer su propia voluntad, mientras que la pena, procedente de la sabiduría divina, se dirige a revertir esa voluntad.

16-Premio y castigo del alma. Finalmente, en relación al vigésimo segundo argumento, se distingue entre cómo el alma es premiada por disfrutar de lo que está por encima de ella y castigada al ser sometida a lo que está por debajo, sugiriendo que las recompensas son espirituales y las penas, corporales.

A MODO DE EPÍLOGO

1-¿Qué se pregunta Santo Tomás sobre el alma en la Primera Cuestión?

Santo Tomás se pregunta si el alma puede ser considerada una forma y, a su vez, si puede existir por sí misma.

2-¿Cómo define Santo Tomás el concepto de "individuo" en el contexto de la sustancia?

Santo Tomás señala que un "individuo" en el género de la sustancia es algo que puede subsistir por sí mismo y que es completo en alguna especie y género de sustancia.

3-¿Qué opinión critica Santo Tomás acerca de la naturaleza del alma?

Critica las posiciones que consideran el alma como una armonía o una complexión, afirmando que estas concepciones no permiten que el alma subsista por sí misma ni que sea completa en alguna especie de sustancia.

4-¿Qué papel desempeña el alma vegetativa según Santo Tomás?

El concepto del alma vegetativa, según Santo Tomás de Aquino, se refiere a una de las tres facetas del alma que él describe en su filosofía. En su visión, el alma no es una entidad única y simple, sino que se distribuye en diferentes "potencias" o facultades que corresponden a diferentes tipos de seres vivos. Estas son: 1-<u>El alma vegetativa</u>: propia de las plantas y los seres vivos que realizan funciones biológicas básicas, como la nutrición, el crecimiento y la reproducción. 2-<u>El alma sensitiva</u>: propia de los animales, que permite las percepciones sensoriales y el movimiento. 3-<u>El alma racional</u>: propia del ser humano, que es capaz de razonar y tener conciencia de sí mismo.

En este contexto, cuando Santo Tomás dice que el alma vegetativa necesita un principio que trascienda las cualidades activas y pasivas de las funciones vegetativas, está sugiriendo que hay algo más allá de las propiedades físicas o materiales que hacen posible estas funciones (como el proceso de nutrición o crecimiento). Las funciones vegetativas, aunque son biológicas, no pueden ser explicadas solo por los aspectos materiales (como la interacción de sustancias químicas), sino que requieren un principio inmaterial o espiritual que las "organice" y las haga posibles. Este principio se entiende como un <u>principio vital</u>, algo que da orden y propósito a las funciones biológicas. En otras palabras, mientras que las cualidades físicas de los organismos vegetativos permiten el crecimiento y la nutrición, es el alma vegetativa la que "supervisa" y da coherencia a estas funciones, asegurando que se realicen correctamente.

La idea de que <u>trasciende las cualidades activas y pasivas</u> significa que el alma vegetativa no es simplemente una consecuencia de las interacciones materiales de las sustancias, sino que es la causa ordenadora y estructurante de esos procesos, algo que va más allá de las meras reacciones físicas.

5-¿Por qué no se sostiene la idea de que el alma sensible es únicamente una combinación de cualidades materiales?
Santo Tomás sostiene que el alma sensible realiza operaciones que no pueden explicarse solo por cualidades materiales, ya que recibe especies sin materia.

6-¿Cuál es la relación entre el intelecto y la materia en la concepción de Santo Tomás?
El intelecto, según Santo Tomás, opera de manera independiente de un órgano corporal, lo que indica que su acción es distinta de las funciones materiales.

7-¿Cómo argumenta Santo Tomás la existencia del intelecto por sí mismo?
Santo Tomás sostiene que el intelecto debe tener una existencia independiente del cuerpo, ya que su operación no depende de la materia.

8-¿Qué concepto introduce Santo Tomás para explicar que el intelecto humano no es simplemente una parte del alma?

Introduce la idea de que el intelecto es una sustancia en sí misma y no se corrompe, resaltando su naturaleza inmortal.

9-¿Qué crítica hace Santo Tomás a la idea de que el alma humana es solo una parte del cuerpo?
Critica esta idea al afirmar que el alma es lo que da vida al cuerpo, y que su separación implica una corrupción sustancial.

10-¿Cómo concluye Santo Tomás respecto a la relación entre el alma y el cuerpo?
Concluye que el alma humana es la forma del cuerpo, capaz de subsistir por sí misma, aunque no es una especie completa en sí, sino que completa la especie humana.

11-¿Qué respuesta ofrece Santo Tomás a la cuestión planteada sobre la naturaleza del alma?
Santo Tomás responde que el alma es una forma que actúa de manera independiente, subsiste por sí misma y es esencial para la existencia del cuerpo, completando así la naturaleza humana.

12-¿Qué se pregunta Santo Tomás en la Segunda Cuestión sobre el alma humana?
Santo Tomás se pregunta si el alma humana, en cuanto a su acto de existir, está separada del cuerpo.

13-¿Cuál es la respuesta de Santo Tomás respecto a la existencia del intelecto posible en relación con el cuerpo?
Santo Tomás argumenta que el intelecto posible debe ser considerado en potencia a lo que puede conocer y, al ser capaz de entender formas de todas las cosas, no puede estar determinado a una naturaleza sensible, lo que implica que no tiene un órgano corporal.

14-¿Qué significa que el intelecto posible esté "denudado" de las formas sensibles?
Significa que el intelecto posible debe estar libre de todas las formas

sensibles para poder recibir y comprender las formas inteligibles; así como la pupila está vacía de colores para poder percibir todos los colores.

15-¿Por qué Santo Tomás critica la idea de que el intelecto posible sea una forma o virtud mezclada con el cuerpo?
Critica esta idea porque sostiene que si el intelecto posible fuera una forma o virtud relacionada con el cuerpo, no podría realizar operaciones que no dependen de la materia, y esto contradice su naturaleza.

16-¿Cómo se relacionan los *phantasmata* con el intelecto posible?
Santo Tomás sostiene que los *phantasmata* (imágenes mentales) son necesarios para que el intelecto posible pueda conocer, pero que el intelecto posible en sí mismo es independiente y no debe depender de los *phantasmata* para su existencia.

17-¿Qué error cometen algunos al considerar la naturaleza del intelecto posible como separada del cuerpo?
Algunos creen que el intelecto posible es una sustancia separada que existe independientemente del cuerpo y puede conocer todas las formas inteligibles, lo que Santo Tomás refuta argumentando que tal posición es incompatible con el hecho de que un individuo particular pueda conocer.

18-¿Cómo demuestra Santo Tomás que el intelecto posible no puede ser una sustancia separada?
Demuestra que si el intelecto posible fuera una sustancia separada, entonces sería imposible que un ser humano específico pudiera conocer mediante él, ya que la acción del intelecto no podría ser la acción de un principio que no pertenece a ese ser en particular.

19-¿Cuál es la conclusión que alcanza Santo Tomás sobre la naturaleza del intelecto posible?
Santo Tomás concluye que el intelecto posible no es una sustancia separada, sino una capacidad del alma humana que, aunque se une al cuerpo, permite que el ser humano realice operaciones intelectuales.

20-¿Qué respuesta ofrece Santo Tomás a la segunda cuestión planteada sobre la separación alma-cuerpo?
Santo Tomás responde que el alma humana es una forma que no solo se une al cuerpo, sino que también posee una capacidad intelectual que se manifiesta independientemente de las condiciones materiales, asegurando así su existencia como principio de conocimiento.

21-¿De qué trata la Tercera Cuestión?
En la Tercera Cuestión, Santo Tomás se pregunta si el intelecto posible es único para todos los hombres o si hay un intelecto posible en cada persona. Analiza si este intelecto es una sustancia separada del cuerpo o si debe estar presente en cada ser humano de forma individual.

22-¿De qué depende, según Santo Tomás, la respuesta sobre si hay un intelecto posible común a todos los hombres o uno para cada hombre?
Depende de si el intelecto posible es una sustancia separada del cuerpo. Si lo es, entonces el intelecto posible debería ser único, ya que las cosas separadas del cuerpo no pueden multiplicarse por la diversidad de los cuerpos.

23-¿Por qué parece imposible que haya un único intelecto posible para todos los hombres?
Parece imposible porque el intelecto posible es la base para adquirir el conocimiento, y las ciencias o conocimientos no son iguales en todas las personas: algunos poseen conocimientos de los que otros carecen. Esto implica que, si el intelecto posible fuera único, todos los hombres tendrían necesariamente el mismo conocimiento, lo cual es absurdo.

24-¿Cuál es el problema con la idea de que el intelecto posible es único y que los diferentes conocimientos dependen de los fantasmas (imágenes mentales) de cada persona?
El problema es que las especies o formas inteligibles no son comprensibles sin estar abstraídas de los fantasmas y en el intelecto posible. La diversidad de fantasmas no puede ser la causa de la unidad o

multiplicación del conocimiento en el intelecto posible, ya que el conocimiento depende de las especies inteligibles, que son abstractas y universales, y no solo de los fantasmas individuales. Es decir, el intelecto humano tiene la capacidad de abstraer la esencia de las cosas y de conocerlas de manera unificada, independientemente de las representaciones concretas que tenga cada persona.

25-¿Qué problema surge si aceptamos que el intelecto posible es único en todos los hombres?

Surge una dificultad, ya que el acto de entender proviene del intelecto posible, y si este es único en todos, entonces no se podría explicar cómo diferentes personas pueden entender simultáneamente de manera individual y diferenciada. Esto resultaría en que el acto de entender sería único y el mismo para todos, lo cual es imposible.

26-¿Por qué es más razonable que el intelecto posible sea individual en cada persona?

Es más razonable que cada persona tenga su propio intelecto posible porque el acto de entender es una operación propia y específica de cada individuo. Si todos compartieran un único intelecto posible, todos los seres humanos tendrían la misma naturaleza y operación intelectiva, lo cual eliminaría la diversidad individual en la comprensión y sería incompatible con la naturaleza humana.

27-¿Cómo explica Santo Tomás la individuación del intelecto posible en cada persona?

Explica que el intelecto posible se multiplica según el número de individuos humanos, debido a la unión del alma con un cuerpo específico en cada caso. Aunque el alma humana no depende completamente del cuerpo para existir, su unión con un cuerpo particular permite la multiplicación de las almas individuales sin cambiar la especie.

28-¿En qué se diferencia la individuación del alma humana de la individuación de otras formas?

La individuación del alma humana no depende del cuerpo, sino que es una forma subsistente en sí misma. Sin embargo, al unirse a cuerpos individuales, el alma humana se multiplica en número, aunque no en especie. Esta característica la diferencia de otras formas, que dependen del cuerpo para ser individuales y no pueden subsistir por sí mismas.

29-¿Cuál es el tema principal de la Cuarta Cuestión?
La Cuarta Cuestión aborda si existe un intelecto agente, y Santo Tomás defiende su existencia para explicar cómo funciona el proceso del conocimiento.

30-¿Por qué Santo Tomás considera necesario postular un intelecto agente?
Santo Tomás considera necesario el intelecto agente porque el intelecto posible está en potencia respecto a los conceptos o inteligibles que debe comprender. El intelecto posible necesita ser activado por algo que ya sea inteligible para poder conocer.

31-¿Qué papel tiene el intelecto agente en el movimiento del intelecto posible?
El intelecto agente mueve al intelecto posible para que éste comprenda algo. Los objetos comprendidos por el intelecto posible no existen como entidades independientes, sino que el intelecto los entiende en su universalidad, como ideas comunes aplicables a varios individuos.

32-¿Cómo ayuda el intelecto agente en la abstracción de la materia?
El intelecto agente abstrae las ideas de las condiciones materiales que las individualizan, permitiendo captar la esencia de las cosas sin limitarse a las particularidades individuales (intelección de las esencias).

33-¿Qué diferencia establece Santo Tomás entre su visión y la de los platónicos respecto a los universales?
Santo Tomás se distancia de la visión platónica de que los universales existen por sí mismos en la realidad. Para él, si esto fuera cierto, no sería necesario un intelecto agente, ya que los objetos materiales podrían mover directamente al intelecto posible. Pero, al no estar de acuerdo con esta

teoría, considera esencial postular un intelecto agente.

34-¿Cómo llega el intelecto posible a conocer las sustancias inmateriales?
El intelecto posible no puede conocer directamente las sustancias inmateriales, sino que las entiende indirectamente a través de la abstracción realizada sobre los objetos materiales y sensibles.

35-¿Por qué es fundamental la existencia del intelecto agente?
La existencia del intelecto agente es fundamental porque permite al intelecto humano entender conceptos y realidades abstractas, facilitando la abstracción de las condiciones materiales y particulares que limitan el conocimiento.

36-¿Qué se pregunta en la Quinta Cuestión?
Se pregunta si existe un intelecto agente separado para todos los hombres.

37-¿Por qué sostiene Santo Tomás que el intelecto agente es más adecuado para ser considerado una entidad separada que el intelecto posible?
Santo Tomás sostiene que el intelecto agente es más adecuado para ser considerado una entidad separada debido a su naturaleza activa y universal, que le permite operar independientemente de las limitaciones materiales y particulares del intelecto posible.

38-¿Cómo se manifiesta el intelecto posible según Santo Tomás?
El intelecto posible se manifiesta en dos estados: a veces en potencia y otras en acto, dependiendo de si está en proceso de entender o ya ha comprendido algo.

39-¿Cuál es la diferencia fundamental entre el intelecto agente y el intelecto posible?
La diferencia fundamental es que el intelecto agente es un principio activo que realiza la acción de entender, mientras que el intelecto posible

es una capacidad interna del ser humano para recibir y procesar información.

40-¿Qué implica que el intelecto agente pueda operar de manera independiente?
Implica que el intelecto agente puede abstraer ideas y conceptos sin necesidad de estar conectado a datos sensoriales específicos, mostrando así un nivel superior de actividad intelectual.

41¿Por qué el intelecto posible no puede ser separado del ser humano?
El intelecto posible no puede ser separado del ser humano porque está íntimamente ligado a la esencia del ser humano; su naturaleza es recibir y comprender ideas a partir de las experiencias sensoriales.

42-¿Qué relación establecen algunos filósofos entre el intelecto agente y las entidades separadas?
Algunos filósofos consideran que el intelecto agente es una sustancia separada, a la que denominan "inteligencia", y que se relaciona con las almas humanas de manera similar a cómo las sustancias superiores se relacionan con las almas de los cuerpos celestiales.

43-¿Cómo se relaciona Dios con el intelecto agente según la enseñanza católica?
La enseñanza católica sostiene que Dios es el único que actúa en nuestras almas, y Santo Tomás argumenta que el intelecto agente no puede ser considerado Dios, ya que esto contradice su papel como fuente de conocimiento.

44-¿Qué tipo de principios activos requiere el ser humano para sus operaciones intelectuales?
El ser humano requiere un principio activo particular, que en este caso es el intelecto agente, a diferencia de los principios activos universales que afectan a todos los cuerpos inferiores.

45-¿Cuáles son las implicaciones de considerar al intelecto agente como una entidad separada de Dios?

Considerar al intelecto agente como una entidad separada implicaría que la perfección y felicidad del ser humano dependerían de su unión con algo que no es Dios, lo que contradice la enseñanza evangélica sobre la vida eterna como conocimiento de Dios.

46-¿Por qué es imposible que el intelecto agente sea una sustancia separada?

Es imposible que el intelecto agente sea una sustancia separada porque sus operaciones requieren un principio formal intrínseco que no puede ser externo, tal como ocurre con el intelecto posible.

47-¿Cómo se relacionan las imágenes mentales con el intelecto posible y el intelecto agente?

Las imágenes mentales (fantasmas) están en potencia respecto a las entidades que representan, y el intelecto posible está en potencia para todos los inteligibles, pero se determina a entender a través de las especies abstractas.

48-¿Qué analogía utiliza Santo Tomás para describir la actividad del intelecto agente?

Santo Tomás compara la actividad del intelecto agente con una luz que permite que los colores sean visibles, indicando que abstrae las imágenes de sus condiciones materiales.

49-¿Qué conclusiones hace Santo Tomás sobre la naturaleza del intelecto agente y el posible?

Santo Tomás concluye que tanto el intelecto posible como el agente son esenciales para el entendimiento humano y residen dentro del alma, evitando confusiones teológicas y filosóficas que contradicen la fe católica.

50-¿En qué consiste la Sexta Cuestión?

La Sexta Cuestión aborda si el alma está compuesta de materia y forma, cuestionando las opiniones de filósofos anteriores, como Avicebrón.

51-¿Qué sostiene Avicebrón sobre el alma?
Avicebrón argumenta que, dado que el alma tiene propiedades similares a las de la materia, como ser receptiva y potencial, debe estar compuesta de materia.

52-¿Cómo responde Santo Tomás a la afirmación de Avicebrón?
Santo Tomás rechaza la idea de que el alma esté compuesta de materia y forma, considerándola frívola e imposible.

53-¿Cuál es la diferencia en la forma de recibir entre el alma y la materia, según Santo Tomás?
Santo Tomás explica que la materia recibe con un cambio o movimiento, mientras que el alma recibe conocimiento sin sufrir transformación física.

54-¿Por qué Santo Tomás sostiene que el alma no puede ser una sustancia compuesta de materia y forma?
Si el alma fuera compuesta de materia y forma, se crearía una especie separada e independiente del cuerpo, lo que contradice la doctrina aristotélica de que cuerpo y alma forman juntos la especie humana.

55-¿Qué implica la incompatibilidad de la composición del alma con su unión al cuerpo?
Si el alma fuera una combinación de materia y forma, no podría ser el principio formal que da existencia al cuerpo, lo que contradice su rol vital en la vida del cuerpo.

56-¿Cómo critica Santo Tomás las teorías sobre la unión del alma y el cuerpo que mencionan "luz" o energía?
Santo Tomás considera que estas ideas son "fantásticas" y complican innecesariamente la relación entre el alma y el cuerpo, ya que él sostiene que el alma se une al cuerpo de manera natural y directa.

57-¿Qué significa que el alma sea una "forma subsistente"?
El alma es una "forma subsistente" porque, aunque no tiene materia,

existe de forma independiente y es capaz de subsistir sin el cuerpo.

58-¿Qué tipos de composición encuentra Santo Tomás en el alma humana?
Santo Tomás identifica dos tipos de composición en el alma humana: la de esencia (*essentia*: lo que el alma es) y acto de ser o existir *(esse o actus essendi)*.

59-¿Cómo se relacionan la esencia y el acto de ser en el alma?
La esencia del alma tiene la capacidad de existir, pero se convierte en un ser real solo cuando recibe el acto de ser o existir *(esse)*.

60-¿Qué permite la estructura de acto y potencia en el alma?
Esta estructura le permite explicar cómo el alma humana puede existir sin depender de un cuerpo, dado que su esencia se completa al unirse con el acto de ser.

61-¿Cuál es la conclusión de Santo Tomás sobre la composición del alma?
Santo Tomás concluye que el alma es una forma subsistente que puede tener composición de acto y potencia, pero no de materia y forma, ya que esta última se restringe a los seres materiales.

62-¿Cuál es el tema de la Séptima Cuestión?
El tema de la Séptima Cuestión es si el ángel y el alma son de especies diferentes.

63-¿Qué opinión se menciona sobre la relación entre el alma humana y los ángeles?
Se menciona que algunos dicen que el alma humana y los ángeles son de la misma especie.

64-¿Quién es citado como el primero en proponer esta opinión?
Se cita a Orígenes como el primero en proponer esta opinión, quien buscó evitar los errores de los antiguos herejes.

65-¿Cuál es el argumento de Orígenes sobre la diversidad de las criaturas?
Orígenes argumenta que la diversidad de las criaturas proviene del libre albedrío, y no de la creación inicial de Dios.

66-¿Cómo explica Orígenes las diferencias en las criaturas racionales?
Orígenes sostiene que todas las criaturas racionales fueron creadas iguales y que algunas progresaron al adherirse a Dios, mientras que otras cayeron al alejarse de Él.

67-Según Santo Tomás, ¿qué falla en el argumento de Orígenes?
Santo Tomás señala que el argumento de Orígenes ignora la consideración del bien del todo en la creación y se enfoca solo en el bien de las partes.

68-¿Cómo se relaciona la perfección de una criatura con su especie según Santo Tomás?
Santo Tomás argumenta que en la creación de Dios no todas las criaturas son iguales, ya que un universo perfecto requiere diferentes grados de seres.

69-¿Qué diferencia establece Santo Tomás entre ángeles y almas?
Santo Tomás establece que los ángeles y las almas son diferentes en especie, ya que no pueden ser considerados como formas de una misma materia.

70-¿Qué implica la afirmación de que los ángeles y las almas no son de la misma especie?
Implica que hay diferencias formales entre ellos, ya que la forma es lo que da ser a la cosa.

71-¿Qué considera Santo Tomás sobre la materia de los ángeles y las almas?

Santo Tomás considera que, dado que los ángeles y las almas no son compuestos de materia y forma, su diferencia no puede ser material.

72-¿Qué conclusión llega Santo Tomás respecto a la especie de los ángeles y las almas?

Santo Tomás concluye que es imposible que los ángeles y el alma sean de la misma especie, dado que hay diferencias formales y de perfección.

73-¿Cómo se clasifican las especies en las sustancias materiales?

En las sustancias materiales, las diferentes especies se clasifican según los grados de perfección de la naturaleza.

74-¿Qué relación establece Santo Tomás entre los grados de perfección y la especie en las sustancias inmateriales?

En las sustancias inmateriales, los grados de perfección determinan diferencias de especie en relación con el primer agente, que es perfecto.

75-¿En qué consiste la Octava Cuestión?

La Octava Cuestión indaga si el alma racional, es decir, el alma humana, debía unirse a un cuerpo con las características propias del cuerpo humano.

76-¿Cuál es la razón fundamental para que el alma racional se una a un cuerpo?

Santo Tomás explica que, dado que la materia existe para la forma, el cuerpo humano existe para el alma racional. Esto es necesario porque el alma humana no tiene en sí misma los conocimientos inteligibles desde el principio, como ocurre en otras sustancias intelectuales superiores; en cambio, es como una *tabula rasa* (tabla en blanco) que necesita recibir conocimientos del mundo exterior mediante los sentidos.

77-¿Por qué el cuerpo humano debe estar adaptado a las necesidades del alma racional?

Dado que el alma racional necesita captar las formas inteligibles a través de los sentidos, es esencial que el cuerpo humano esté óptimamente dispuesto para la sensación, especialmente el sentido del tacto, que es fundamental para la percepción sensorial.

78-¿Por qué el sentido del tacto es tan importante en la naturaleza humana?
El tacto es el sentido base de todos los demás sentidos, según Santo Tomás, ya que toda la sensibilidad radica en él. Si el sentido del tacto se afecta (como ocurre durante el sueño), todos los demás sentidos también se ven alterados.

79-¿Cuál es la mejor disposición que debe tener el cuerpo humano en cuanto a su sentido del tacto?
El órgano del sentido del tacto debe tener un equilibrio de cualidades, como el calor y el frío, la humedad y la sequedad, lo que requiere una mezcla moderada de estos elementos para que pueda percibir dichas cualidades sin ser alterado por ellas. Así, el cuerpo humano, al ser equilibrado, es el más adecuado para el alma racional.

80-¿Cómo se refleja la perfección en la estructura del cuerpo humano?
La composición del cuerpo humano muestra un nivel superior de perfección en la naturaleza inferior, ya que es el más equilibrado en cuanto a su mezcla de elementos. Este balance permite que el ser humano esté óptimamente capacitado para la actividad sensorial y cognitiva.

81-¿De qué manera se manifiesta esta perfección en el cerebro humano?
El cerebro humano está diseñado para facilitar las funciones sensibles internas como la imaginación, la memoria y la facultad cognitiva. Por eso, el cerebro humano es más grande en proporción al cuerpo que el de otros animales, y su estructura permite que el hombre tenga una postura erguida, adecuada para la operación intelectual.

82-¿Por qué el cuerpo humano es corruptible y tiene limitaciones como el desgaste y la fatiga?
Estas limitaciones no fueron elegidas deliberadamente, sino que son

inherentes a la materia. El cuerpo humano, al estar compuesto de elementos contrarios, está sujeto a estos defectos por la necesidad de la materia. Aunque se le dio la mejor disposición para sus funciones sensitivas, la naturaleza de los elementos materiales implica cierta vulnerabilidad.

83-¿Dios podría haber creado un cuerpo humano libre de corrupción y defectos?

Si bien Dios tiene el poder de crear un cuerpo incorruptible, Santo Tomás señala que en el contexto de la naturaleza, lo que se considera es lo que es compatible con la propia naturaleza de las cosas, según San Agustín. Dios otorgó originalmente a la humanidad la gracia de la justicia original, por la cual el cuerpo estaba completamente sometido al alma mientras el alma permaneciera unida a Dios. Al perder esta justicia original a causa del pecado, el hombre quedó sujeto a los defectos inherentes a la materia.

84-¿En qué consiste la Novena Cuestión?

La Novena Cuestión trata sobre si el alma se une a la materia corporal a través de un intermediario. Santo Tomás responde que no, pues la unión del alma con la materia no requiere ninguna forma o entidad intermedia. La forma del alma, siendo sustancial, se une directamente a la materia, constituyendo al ser humano en su totalidad.

85-¿Cuál es el argumento principal de Santo Tomás sobre la unión del alma con el cuerpo?

Santo Tomás argumenta que, dado que la forma sustancial es la que otorga el ser a la materia, no puede haber una forma sustancial intermedia entre el alma y la materia. La unión entre el alma y el cuerpo es directa, ya que la forma sustancial del alma da al cuerpo su ser y esencia específica. No hay una forma que sea media, como algunos filósofos habían sugerido, que permita que la materia pase por varios grados de perfección.

86-¿Cómo define Santo Tomás la relación entre las formas y la materia en los seres naturales?

Santo Tomás sostiene que las formas son las que determinan los diferentes grados de perfección en los seres naturales. La materia, al estar unida a una forma, adquiere diferentes grados de existencia: desde ser meramente corporal, hasta ser un cuerpo animado y finalmente un ser racional. No existe una forma intermedia, ya que la forma sustancial del alma es la que da perfección al cuerpo humano en cada uno de sus grados, desde lo material hasta lo espiritual.

87-¿Qué distingue la forma del alma de otras formas en los seres materiales?
La forma del alma se distingue de las demás formas porque es la que da al ser humano su existencia específica y completa como ser racional. Mientras que otras formas determinan las características materiales o vitales de un ser, como las que definen el cuerpo o la vida en los animales, el alma racional es la que da la esencia completa del ser humano, desde el cuerpo hasta la espiritualidad.

88-¿En qué consiste la Décima Cuestión?
La Décima Cuestión trata sobre si el alma está presente en todo el cuerpo y en cada una de sus partes. Santo Tomás explora cómo el alma, como forma del cuerpo, se relaciona con cada parte y con el cuerpo en su totalidad.

89-¿Cómo explica Santo Tomás la unión del alma con el cuerpo?
Santo Tomás afirma que el alma no se une al cuerpo a través de una parte intermedia, sino que se une inmediatamente al cuerpo entero. El alma es la forma tanto del todo como de cada parte del cuerpo.

90-¿Por qué es necesario que el alma esté presente en cada parte del cuerpo?
Es necesario que el alma esté presente en cada parte del cuerpo porque cada parte recibe su existencia y especie del alma, que actúa como su forma. Esto asegura que el cuerpo sea un todo natural y no solo una composición de partes.

91-¿Qué implicación tiene la afirmación de que el alma da ser a

cada parte del cuerpo?
La afirmación implica que, al estar el alma presente en cada parte, no es posible que algo reciba su ser y especie de una forma separada, ya que eso sería similar a la posición de los platónicos, quienes sostenían que los seres sensibles participan de formas separadas.

92-¿Cómo define Santo Tomás el concepto de totalidad en relación con el alma?
Santo Tomás define la totalidad en tres modos: por división cuantitativa, por comparación a las partes esenciales de la especie, y por comparación a las partes de virtud o poder. La totalidad en el alma se refiere a su perfección como forma del cuerpo.

93-¿De qué manera el alma se relaciona con las operaciones de cada parte del cuerpo?
El alma ejerce su virtud y poder en el cuerpo, pero no se distribuye de manera igual en cada parte. Cada parte del cuerpo está relacionada con diferentes operaciones del alma, por lo que la potencia del alma en relación a esas operaciones se manifiesta en las partes correspondientes.

94-¿Qué limitación menciona Santo Tomás sobre la totalidad del alma en relación a la acción?
Santo Tomás menciona que el alma humana, debido a su naturaleza superior, puede realizar ciertas operaciones, como entender y querer, sin necesidad de un órgano corporal. Sin embargo, para otras operaciones que requieren órganos, el alma actúa en su totalidad en el cuerpo, aunque no en cada parte.

95-¿En qué consiste la Cuestión 11?
En la Cuestión 11, Santo Tomás se pregunta si el alma humana es una y la misma sustancia, o si existen múltiples almas en el ser humano. Examina diferentes opiniones sobre si el alma es una sustancia única o si hay varias almas que coexisten en el cuerpo humano.

96-¿Qué postura tiene Platón sobre el alma?

Platón sostiene que existen varias almas en el cuerpo humano. Según él, el alma se une al cuerpo como motor, pero no como forma. En su teoría, el alma se encuentra en el cuerpo de una manera similar a como un marinero está en un barco, siendo múltiples los motores que causan las diferentes acciones en el cuerpo humano, sin que esto impida la unidad del ser humano.

97-¿Por qué la visión de Platón sobre las almas en el cuerpo resulta problemática según Santo Tomás?
Santo Tomás señala que, según Platón, si el alma es solo motor y no forma, no se logra una unidad verdadera del ser humano, ni tampoco de los animales. Esto implicaría que el ser humano no sería uno en sentido absoluto, ya que la generación y corrupción no serían simples, sino que dependerían de la relación entre el alma y el cuerpo.

98-¿Qué problema surge de considerar que el alma sensible y el alma racional son distintas según Platón?
Si se consideraran el alma sensible y el alma racional como formas distintas, existirían varias predicaciones sobre un mismo individuo. Esto implicaría que la unidad del ser humano sería accidental, y no esencial, lo que llevaría a la conclusión de que el hombre no sería un ser único en sentido absoluto.

99-¿Cuál es la conclusión de Santo Tomás sobre el número de almas en el ser humano?
Santo Tomás concluye que el ser humano tiene solo un alma en cuanto a su sustancia, la cual es racional. Esta alma es responsable de las funciones sensibles y vegetativas del cuerpo humano, además de la capacidad racional. En resumen, el alma humana es única y sustancial, abarcando tanto la sensibilidad como la vegetatividad y la razón.

100-¿Cómo explica Santo Tomás la relación entre las diferentes potencias del alma humana?
Santo Tomás explica que las diferentes potencias del alma humana están todas radicadas en una sola esencia del alma. Cuando una potencia se

intensifica, puede interferir con las operaciones de otras potencias, o incluso hacer que una potencia "redunde" en otra. Esto implica que todas las potencias del alma están unificadas en una única esencia sustancial del alma humana.

101-¿En qué consiste la Cuestión Doce?
La Cuestión Doce trata sobre si el alma es sus potencias, es decir, si la esencia misma del alma es el principio directo e inmediato de todas sus operaciones, o si, en cambio, las potencias son propiedades distintas de la esencia del alma.

102-¿Cuáles son las opiniones principales acerca de la relación entre el alma y sus potencias?
Existen dos opiniones principales. Algunos opinan que el alma es sus potencias, es decir, que la esencia del alma es directamente el principio de todas sus operaciones. Otros consideran que las potencias del alma son propiedades que derivan de ella, pero no se identifican con su esencia.

103-¿Cómo define Santo Tomás a la "potencia"?
Santo Tomás define a la potencia como el principio de una operación, ya sea acción o pasión. La potencia es aquello por lo que algo actúa o es afectado, pero no se trata del sujeto que actúa o padece en sí mismo, sino de aquello por lo cual actúa.

104-¿Qué ejemplo usa Santo Tomás para explicar el concepto de potencia?
Utiliza el ejemplo de la "potencia constructiva" en un constructor, o el calor en el fuego. El constructor tiene la potencia de construir a través de su habilidad, y el fuego calienta debido a su calor.

105-¿Por qué rechaza Santo Tomás la idea de que el alma sea sus propias potencias?
Santo Tomás rechaza esta idea porque cada ser actúa según lo que es en acto. Al no pertenecer todas las acciones del alma a su esencia sustancial, es necesario que el principio de estas acciones no sea la esencia del alma

misma, sino potencias distintas que median entre la esencia del alma y sus diversas operaciones.

106-¿Qué implica la diversidad de operaciones del alma en relación con sus principios?
La diversidad de operaciones del alma, como la percepción, el entendimiento y el crecimiento, requiere distintos principios. Las acciones y pasiones del alma no pueden proceder de un solo principio inmediato, porque difieren en naturaleza y requieren principios específicos que se adapten a cada tipo de operación.

107-¿Cómo explica Santo Tomás la relación entre la esencia del alma y sus potencias?
Según Santo Tomás, la esencia del alma es un único principio y no puede ser el principio inmediato de todas sus acciones. La esencia del alma opera mediante principios accidentales —es decir, potencias— que corresponden a la diversidad de sus operaciones.

108-¿Qué función cumplen las potencias activas y pasivas en el alma?
Las potencias activas y pasivas no corresponden directamente a algo sustancial, sino a algo accidental. Por ejemplo, la potencia intelectiva y sensitiva están ordenadas a operaciones que son accidentales, no sustanciales.

109-¿De qué trata la Cuestión 13?
La Cuestión 13 trata sobre si las potencias del alma se distinguen entre sí por sus objetos.

110-¿Cómo define Santo Tomás la potencia en relación con el acto?
Según Santo Tomás, la potencia se define en relación con el acto, ya que depende del acto para su definición, y es por la diversidad de actos que las potencias se diferencian. Los actos obtienen su especie de los objetos, y por lo tanto, la distinción de las potencias del alma se debe a la distinción de sus objetos.

111-¿De qué modo los objetos determinan la distinción de las potencias del alma?
La distinción de las potencias del alma se basa en la distinción de sus objetos, ya que los actos derivan su especie de los objetos. Los objetos pueden ser considerados como activos para las potencias pasivas y como fines para las potencias activas. Esta distinción en los objetos determina también la distinción de las operaciones.

112-¿Cómo compara Santo Tomás la acción de la naturaleza inanimada con la acción de las potencias del alma?
Santo Tomás señala que la acción del alma trasciende la acción de la naturaleza inanimada en dos aspectos: en el modo de actuar y en lo que se realiza. Toda acción del alma proviene de un agente intrínseco, ya que el ser vivo se mueve a sí mismo hacia la acción, mientras que la acción en los cuerpos inanimados proviene de un agente extrínseco.

113-¿Qué distingue las potencias vegetativas de otras potencias del alma?
Las potencias vegetativas, como la generativa, la nutritiva y la aumentativa, están orientadas hacia la existencia y el mantenimiento del ser viviente en cuanto tal, lo cual también ocurre en los cuerpos inanimados pero a través de un agente extrínseco. Por eso, las potencias vegetativas se consideran naturales.

114-¿Cómo se manifiesta la capacidad de la sensación y el intelecto en el alma?
La sensación y el intelecto permiten que el alma contenga todas las cosas en un sentido inmaterial, ya que el alma se convierte en todas las cosas a través de la percepción sensorial y el entendimiento. La percepción sensorial recibe las formas de las cosas en su particularidad material, mientras que el intelecto las abstrae completamente de la materia.

115¿Cuáles son los cinco requisitos para la cognición sensorial perfecta?

Los cinco requisitos son: (1) la recepción de la especie de los objetos sensibles (sentido propio), (2) el juicio y discernimiento de los objetos sensibles *(sensus communis)*, (3) la conservación de las especies sensibles percibidas *(imaginación o fantasía)*, (4) el conocimiento de intenciones no aprehendidas por los sentidos, como lo útil o nocivo *(estimativa natural en animales o cogitativa en humanos)*, y (5) la recuperación de percepciones anteriores para la consideración actual *(memoria o reminiscencia)*.

116-¿Por qué se considera el sentido de la vista como el más alto de los sentidos?
El sentido de la vista es el más alto y universal de los sentidos porque percibe los sensibles sin una alteración material adjunta, y los objetos que percibe son comunes a los cuerpos tanto corruptibles como incorruptibles.

117-¿De qué trata la Cuestión 14?
La Cuestión 14 trata sobre si el alma humana es incorruptible e inmortal.

118-¿Es el alma humana incorruptible según Santo Tomás?
Sí, según Santo Tomás, el alma humana es incorruptible.

119- Por qué se dice que el alma humana es incorruptible?
El alma humana es incorruptible porque la forma que da el ser a algo no puede ser separada de ese ser sin que el compuesto se corrompa. El alma humana, que tiene un principio de inteligencia, es una forma que posee ser por sí misma, lo que la hace incorruptible.

120-¿Qué se entiende por "forma que tiene ser"?
La "forma que tiene ser" se refiere a una forma que no solo da existencia a un compuesto, sino que ella misma posee existencia por sí misma, lo que implica que no puede ser separada de él sin que el compuesto se corrompa.

121- Por qué la inteligencia humana no depende de un órgano corporal?
La inteligencia humana no depende de un órgano corporal porque el

intelecto humano puede comprender todas las naturalezas sensibles de manera universal, sin que se limite a las condiciones materiales, lo que demuestra que su operación es independiente del cuerpo.

122-¿El intelecto humano es un principio material o inmaterial?
El intelecto humano es un principio inmaterial, ya que recibe las especies de manera inmaterial y es capaz de conocer de forma abstracta, sin depender de las condiciones materiales de los objetos sensibles.

123-¿Cómo se relaciona la incorruptibilidad del alma humana con el intelecto?
La incorruptibilidad del alma humana se relaciona con el intelecto, porque el intelecto tiene una operación por sí misma, no dependiente del cuerpo. Este principio intelectivo, que es inmaterial, hace que el alma humana sea incorruptible.

124-¿Qué señala Santo Tomás sobre quienes afirman que el alma humana es corruptible?
Santo Tomás señala que aquellos que afirman que el alma humana es corruptible cometen errores, ya que niegan premisas fundamentales, como considerar el alma como un compuesto de materia y forma o como dependiente del cuerpo para su operación.

125-¿Cuál es el signo de la incorruptibilidad del alma humana?
El signo de la incorruptibilidad del alma humana se puede ver en dos aspectos: primero, en el intelecto, que percibe las cosas de manera universal y no sufre corrupción; y segundo, en el apetito natural, que tiene un deseo de perpetuidad y no puede ser frustrado, lo cual sugiere que el alma humana es incorruptible.

126-¿Por qué el apetito natural de los hombres sugiere la incorruptibilidad del alma?
El apetito natural de los hombres, que busca la perpetuidad y el ser eterno, sugiere que el alma humana es incorruptible, ya que este deseo no puede ser frustrado y está orientado hacia el ser en sí mismo, sin

limitaciones temporales.

127-¿De qué trata la Cuestión 15?
La Cuestión 15 trata sobre si el alma humana puede conocer separada del cuerpo.

128-¿Cuál es el argumento principal que plantea Santo Tomás sobre el conocimiento del alma humana separada del cuerpo?
Santo Tomás argumenta que, según el estado actual de la naturaleza humana, el alma necesita los sentidos para conocer, ya que el conocimiento sensible es necesario para la actividad intelectual. Sin embargo, cuando el alma se separa del cuerpo, no necesitaría los sentidos, pues estaría completamente preparada para conocer por sí misma.

129-¿Qué opinión presentan los platónicos sobre la relación entre el alma y los sentidos en el proceso de conocimiento?
Los platónicos sostienen que los sentidos son necesarios para el conocimiento del alma, no de manera directa, sino como un medio por el cual el alma recuerda lo que ya sabe de manera natural. A través de los sentidos, el alma se reanima y vuelve a recordar los conocimientos adquiridos antes de su unión con el cuerpo.

130-Según Santo Tomás, ¿qué consecuencias tendría para la unión del alma con el cuerpo si se siguiera la opinión de los platónicos?
Según la opinión de los platónicos, la unión del alma con el cuerpo parecería innecesaria, ya que el alma podría operar perfectamente sin cuerpo. Esto sería incompatible con la naturaleza del ser humano, ya que no sería lógico que la unión del alma al cuerpo impidiera sus funciones propias, dado que el alma es más noble que el cuerpo.

131-¿Cómo refuta Santo Tomás la posición de Platón sobre la adquisición de conocimiento?
Santo Tomás refuta la postura platónica señalando que la ciencia no proviene de la participación de las ideas separadas, sino que se obtiene a través de los sentidos. Al faltar uno de los sentidos, el conocimiento de lo

que ese sentido percibe también se pierde, lo que demuestra que los sentidos son necesarios para el conocimiento.

132-¿Qué propuesta presenta Avicena en cuanto al papel de los sentidos en el conocimiento?

Avicena propone que los sentidos no son necesarios por sí mismos para el conocimiento, sino que actúan como un medio para preparar al alma para recibir las especies inteligibles provenientes de una sustancia separada, conocida como el "intelecto agente".

133-¿Cuál es la principal diferencia entre la visión de Avicena y la de Santo Tomás sobre el uso de los sentidos para el conocimiento?

La principal diferencia es que Avicena sostiene que los sentidos no son esenciales para el conocimiento, sino que solo preparan al alma para recibir las especies inteligibles. En cambio, Santo Tomás considera que los sentidos son necesarios no solo para preparar el conocimiento, sino para representar correctamente los objetos del conocimiento.

134-¿Cómo explica Santo Tomás que el alma pueda conocer sin los sentidos cuando está separada del cuerpo?

Santo Tomás explica que, cuando el alma se separa del cuerpo, se libera de la influencia de los sentidos y puede percibir las influencias de las sustancias superiores sin necesidad de los sentidos. Sin embargo, esta percepción no será tan clara ni tan determinada como la que el alma obtiene mediante los sentidos cuando está unida al cuerpo.

135-¿Qué dificultades presenta la concepción de un alma separada del cuerpo según Santo Tomás?

La dificultad radica en que el alma separada necesitaría un modo diferente de percibir el conocimiento, ya que sin los sentidos no existirían los "fantasmas" o representaciones sensoriales, lo que plantea problemas sobre cómo el alma podría entender sin esos medios.

136-¿Qué solución propone Santo Tomás para la dificultad de la

percepción del alma separada del cuerpo?

Santo Tomás propone que, aunque el alma separada del cuerpo no pueda conocer con la misma claridad que cuando está unida a él, podrá percibir influencias de las sustancias superiores (ángeles) y conocer sin necesidad de los "fantasmas" corporales.

137-¿Cuál es la distinción que hace Santo Tomás entre el conocimiento que posee el alma mientras está unida al cuerpo y el conocimiento que tiene cuando está separada?

El conocimiento del alma unida al cuerpo es más determinado y preciso, ya que depende de los sentidos. En cambio, cuando el alma está separada, puede recibir el conocimiento de las realidades superiores, pero no con la misma claridad y determinación que cuando se encuentra en el cuerpo.

138-¿Cómo se puede perfeccionar el conocimiento del alma cuando está separada del cuerpo según Santo Tomás?

El alma, estando separada, puede perfeccionar su conocimiento si recibe un conocimiento divino o sobrenatural, que le permite conocer plenamente la verdad, incluyendo la visión directa de Dios, algo que no sería posible cuando el alma está unida al cuerpo.

139-Qué plantea la Cuestión 16?

Plantea si el alma humana cuando está unida al cuerpo puede conocer o entender a las sustancias separadas.

140-¿Qué propone Aristóteles acerca de esta cuestión según Santo Tomás?

Santo Tomás señala que Aristóteles había prometido tratar este tema en el tercer libro de "De Anima", pero no lo aborda de manera explícita en los textos que han llegado hasta nosotros. Esto llevó a diferentes interpretaciones por parte de sus seguidores sobre cómo resolver la cuestión.

141-¿Qué opinan algunos seguidores de Aristóteles sobre la capacidad del alma unida al cuerpo para entender las sustancias

separadas?

Algunos seguidores proponen que el alma humana, incluso unida al cuerpo, es capaz de entender las sustancias separadas, y sostienen que esto constituye la máxima felicidad humana. Sin embargo, hay una variedad de opiniones sobre cómo sucede este entendimiento.

142-¿Cómo explican algunos seguidores la capacidad del alma para entender las sustancias separadas?

Algunos sostienen que el alma, a través del intelecto agente, puede comprender las sustancias separadas, pero no de la misma manera que comprende otros objetos inteligibles, como aquellos que estudian las ciencias especulativas mediante definiciones y demostraciones. Atribuyen al intelecto agente la capacidad de entender las sustancias separadas.

143-¿Qué relación hay entre el intelecto agente y el intelecto posible según los seguidores de esta teoría?

Según esta visión, el intelecto agente se compara con el intelecto posible de manera similar a cómo la forma se relaciona con la materia. El intelecto posible recibe las inteligibilidades y, a medida que las recibe, se va uniendo al intelecto agente, lo que le permite entender no solo lo material, sino también las sustancias separadas.

144-¿Qué objeciones se plantean acerca de la visión del intelecto agente como una sustancia separada?

Santo Tomás señala que algunos filósofos sostienen que el intelecto posible es corruptible y, por tanto, no puede entender al intelecto agente ni a las sustancias separadas. Otros sostienen que el intelecto posible es incorruptible y por ello podría comprender tanto al intelecto agente como a las sustancias separadas. Santo Tomás refuta ambas posiciones, argumentando que son imposibles o vanas, ya que van en contra de las intenciones de Aristóteles.

145-¿Por qué la idea de que el intelecto agente es una sustancia separada es rechazada por Santo Tomás?

Santo Tomás rechaza la idea porque, según Aristóteles, el intelecto agente debe unirse al intelecto posible para operar en él de manera formal, como una forma. Esto haría imposible que dos sustancias separadas, como el intelecto agente y el intelecto posible, operaran entre sí de manera formal. Además, la idea de que el intelecto agente opere a través de una sustancia separada no concuerda con la forma en que el intelecto humano se relaciona con el conocimiento.

146-¿Cómo se refuta la posición de que el intelecto agente pueda unirnos formalmente a las sustancias separadas?
Santo Tomás refuta esta posición explicando que aunque el intelecto agente pueda influir en el intelecto posible, no puede ser entendido formalmente a través de una sustancia separada. La comparación con el sol iluminando es incorrecta, ya que el intelecto posible no se uniría al intelecto agente como el ojo se une a la luz del sol.

147-¿Cuál es la postura correcta sobre cómo el alma humana puede entender a las sustancias separadas?
Santo Tomás sostiene que, dado que el alma humana está unida al cuerpo y tiene una inclinación hacia los fantasmas o imágenes sensoriales, no puede conocer las sustancias separadas de manera directa. Sin embargo, puede conocerlas indirectamente, reconociendo su existencia y su inmortalidad, a través de los efectos que producen en el mundo material, como cuando conocemos una causa por los efectos que produce.

148-¿Cuál es la relación entre la felicidad humana y la capacidad de entender a las sustancias separadas según Aristóteles y Santo Tomás?
Según Aristóteles, la felicidad humana consiste en la operación de acuerdo con la virtud perfecta, y dentro de las virtudes intelectuales, la sabiduría es la más alta. Esta sabiduría se alcanza mediante el conocimiento de las sustancias separadas, pero no se requiere conocer todos los objetos inteligibles de manera perfecta para alcanzar la felicidad. La capacidad de entender las sustancias separadas es parte de la felicidad humana, pero no en el sentido de una comprensión total e inmediata de ellas.

149-¿Por qué la posición de que el alma humana puede conocer a todas las sustancias separadas es insostenible?

Santo Tomás considera que esta posición es insostenible porque conocer a todas las sustancias separadas de manera plena y directa es imposible para cualquier ser humano en esta vida, salvo para Cristo, quien es Dios y hombre. Además, Aristóteles no exige tal conocimiento para alcanzar la felicidad humana, lo que refuerza la idea de que no es necesario comprender a todas las sustancias separadas para alcanzar la máxima felicidad.

150-¿Qué conclusión final propone Santo Tomás sobre la cuestión de la capacidad del alma humana para conocer las sustancias separadas?

Santo Tomás concluye que el alma humana, estando unida al cuerpo, solo puede llegar a conocer las sustancias separadas en cuanto puede percibir su existencia y características generales a través de los efectos que producen en el mundo material. La comprensión perfecta de las sustancias separadas no es posible en el estado actual de la vida humana, y no es un requisito para alcanzar la felicidad humana según Aristóteles.

151-¿De qué trata la Cuestión 17?

La Cuestión 17 trata sobre si el alma, cuando está separada del cuerpo, puede entender a las sustancias separadas.

152-¿Qué se entiende por sustancias separadas según Santo Tomás?

En esta Cuestión, las sustancias separadas son los Ángeles y los Demonios, en cuya compañía se encuentran las almas de los hombres separados, ya sean buenas o malas.

153-¿Es probable que las almas de los condenados ignoren a los Demonios?

No parece probable que las almas de los condenados ignoren a los Demonios, ya que estas almas están destinadas a la compañía de los Demonios, quienes se dicen ser terribles para ellas.

154-¿Es probable que las almas de los bienaventurados ignoren a los Ángeles?

Mucho menos parece probable que las almas de los bienaventurados ignoren a los Ángeles, ya que se alegran con la compañía de los Ángeles.

155-¿Cómo es que las almas separadas pueden conocer a las sustancias separadas?

Es razonable que las almas separadas puedan conocer a las sustancias separadas, ya que al estar separadas del cuerpo, su visión ya no está dirigida hacia las cosas inferiores, como en el caso de las almas unidas al cuerpo, que solo conocen lo que reciben de los fantasmas. Una vez separada, el alma puede recibir influencias de las sustancias superiores sin depender de los fantasmas.

156-¿Cómo se conocerá el alma separada a sí misma?

El alma separada podrá conocerse directamente a sí misma, contemplando su propia esencia, sin la necesidad de depender de los fantasmas, como sucede en su estado unido al cuerpo.

157-¿A qué tipo de sustancias separadas pertenece la esencia del alma humana?

La esencia del alma humana pertenece al género de las sustancias separadas e intelectuales, aunque es la más baja en este género, ya que todas las sustancias separadas son formas subsistentes.

158-¿Cómo las almas separadas pueden conocer otras sustancias separadas?

Así como una sustancia separada puede conocer a otra mediante la influencia recibida de ella o de una causa superior, el alma separada también podrá conocer otras sustancias separadas a través de la influencia recibida de ellas o de una causa superior, es decir, de Dios.

159-¿Cómo se compara el conocimiento que tiene el alma separada con el conocimiento que las demás sustancias separadas tienen entre sí?

El alma separada no conocerá a las sustancias separadas de manera tan perfecta como las otras sustancias separadas se conocen entre sí, ya que el alma es la más baja de estas sustancias y recibe la emanación de luz inteligible de manera menos perfecta.

160-¿De qué trata la Cuestión 18?
La Cuestión 18 trata sobre si el alma, separada del cuerpo, conoce todas las cosas naturales.

161-¿Cómo entiende Santo Tomás el conocimiento que tiene el alma separada sobre las cosas naturales?
Santo Tomás explica que el alma separada entiende las cosas naturales de manera relativa, es decir, en un modo universal, pero no de forma particular o detallada.

162-¿Cómo está ordenada la relación entre las cosas de la naturaleza?
Santo Tomás afirma que todo lo que se encuentra en la naturaleza inferior, se encuentra de manera más excelente en la naturaleza superior. Así, las cualidades particulares que se dan en la naturaleza inferior, como el calor y el frío, se presentan de manera más universal en los cuerpos celestes.

163-¿Qué diferencia existe entre el conocimiento que tienen las sustancias corporales y las sustancias intelectuales?
Las sustancias corporales tienen formas particulares y materiales, mientras que las sustancias intelectuales tienen formas inmateriales y universales, lo que las hace capaces de conocer la esencia de las cosas de manera más general y menos particular.

164-¿Cómo están las formas en Dios, según Santo Tomás?
Santo Tomás enseña que en Dios las formas de las cosas existen de manera simple y unitaria, a diferencia de las criaturas, donde las formas y naturalezas están multiplicadas y divididas.

165-¿Qué relación existe entre el conocimiento de las cosas por las

sustancias intelectuales y el conocimiento de las cosas por Dios?

Santo Tomás dice que el conocimiento de las cosas en las sustancias intelectuales es más perfecto que el de las criaturas inferiores, pero todavía no llega a la perfección del conocimiento que tiene Dios, quien tiene la comprensión perfecta de todas las cosas.

166-¿Cómo se obtiene el conocimiento de las especies en la naturaleza?

Santo Tomás sostiene que el verdadero conocimiento inteligible está relacionado con las especies (entendidas como las formas o esencias universales que existen en los objetos), ya que el intelecto humano, o las sustancias intelectuales en general, pueden conocer las esencias universales de las cosas. Sin embargo, este conocimiento se refiere más a las formas generales y universales que a los individuos concretos y particulares.

167-¿Qué implica la perfección del conocimiento inteligible?

La perfección del conocimiento inteligible consiste en la capacidad de conocer las esencias universales de las cosas, es decir, los principios generales que subyacen a los individuos particulares. Las sustancias intelectuales superiores conocen estas formas de manera más universal, unificada y directa, mientras que las inferiores las perciben de forma más dispersa y particular.

168-¿Cómo se caracteriza el conocimiento del alma humana cuando está unida al cuerpo?

Cuando el alma está unida al cuerpo, su conocimiento se limita a recibir las especies inteligibles de los objetos materiales, según la capacidad de su intelecto, y depende de los sentidos corporales para llegar al conocimiento.

169-¿Qué sucede cuando el alma humana está separada del cuerpo?

Cuando el alma está separada del cuerpo, ya no recibe las especies de los objetos materiales, sino que tiene un conocimiento directo de las realidades superiores, aunque este conocimiento sigue siendo menos universal y perfecto que el de las sustancias intelectuales superiores.

170-¿Cómo se distingue el conocimiento de las almas separadas en comparación con el conocimiento natural de las criaturas inferiores?

Las almas separadas conocen de manera universal, pero no particular, las cosas naturales, ya que su capacidad intelectual no es tan potente como la de las sustancias intelectuales superiores. Su conocimiento es más general y confuso, a diferencia del conocimiento preciso que poseen las criaturas superiores.

171-¿Cómo adquieren conocimiento las almas separadas?

Las almas separadas adquieren conocimiento por influencia inmediata, no de manera gradual o por instrucción, como lo propone Orígenes. Este conocimiento es adquirido repentinamente, al recibir la influencia de las realidades superiores.

172-¿Cómo difiere el conocimiento que tienen las almas separadas del conocimiento que tienen los santos a través de la gracia?

El conocimiento de las almas separadas es natural y limitado a lo universal, mientras que el conocimiento de los santos es de orden sobrenatural, ya que, por la gracia, se les permite ver todas las cosas en el Verbo de Dios, lo que les da una visión más completa y directa.

173-¿De qué trata la Cuestión 19?

La Cuestión 19 trata sobre si permanecen las potencias sensitivas en el alma separada, es decir, si después de la muerte, cuando el alma se separa del cuerpo, las facultades sensitivas continúan existiendo.

174-¿Qué son las potencias del alma, según Santo Tomás?

Santo Tomás explica que las potencias del alma no son parte de su esencia, sino que son propiedades naturales que fluyen de ella.

175-¿Cómo se corrompen los accidentes o propiedades?

Los accidentes se corrompen de dos maneras: por su contrario, como el frío es destruido por el calor, o por la corrupción de su sujeto. Los accidentes que no tienen un contrario no se destruyen sino por la destrucción del sujeto en el que están.

176-¿Qué ocurre con las potencias del alma cuando el cuerpo se corrompe?

Santo Tomás señala que, puesto que las potencias del alma no tienen un contrario, si se corrompen, esto solo puede ocurrir por la corrupción de su sujeto, es decir, por la destrucción del cuerpo. Por lo tanto, las potencias sensitivas del alma no permanecen una vez que el cuerpo ha sido destruido.

177-¿Cuál es el sujeto de las potencias sensitivas, según Santo Tomás?

El sujeto de las potencias es aquello que tiene la capacidad de actuar o recibir la acción. En este caso, el cuerpo es el sujeto de las potencias sensitivas, ya que las acciones sensitivas dependen de la interacción entre el alma y el cuerpo.

178-¿Qué opinaban los filósofos sobre las operaciones de la parte sensitiva del alma?

Platón opinaba que el alma sensitiva tenía operaciones propias y que el alma era capaz de moverse a sí misma, moviendo el cuerpo solo en la medida en que se veía movida. Según los seguidores de Platón, existían operaciones internas, que ocurrían en el alma, y operaciones externas, que ocurrían cuando el cuerpo era movido.

179-¿Por qué Santo Tomás refuta la posición de los seguidores de Platón?

Santo Tomás refuta esta posición porque sostiene que si el alma sensitiva tuviera operaciones propias, también tendría subsistencia propia y no se corrompería con la muerte del cuerpo. Esto implicaría que las almas de los animales serían inmortales, lo cual es imposible. Por lo tanto, las operaciones sensitivas no pueden ser independientes del cuerpo.

180-¿Cómo se explica la relación entre el alma y las potencias sensitivas en el ser compuesto?

Santo Tomás explica que las potencias sensitivas pertenecen al ser compuesto, es decir, al cuerpo animado, pero dependen del alma como principio. El alma no opera directamente, sino que a través de ella el cuerpo realiza las funciones sensitivas. Por lo tanto, el ser compuesto es quien ve, oye y siente, pero por medio del alma.

181-¿Qué ocurre con las potencias sensitivas del alma una vez que el cuerpo es destruido?
Una vez que el cuerpo es destruido, las potencias sensitivas del alma también se destruyen en cuanto a su acción, pero permanecen en el alma como en su raíz, como un principio potencial, aunque no operan más en el estado de separación.

182-¿De qué trata la Cuestión 20?
La Cuestión 20 trata sobre si el alma separada puede conocer los entes singulares.

183-¿Qué afirma Santo Tomás respecto al conocimiento de los entes singulares por el alma separada?
Santo Tomás afirma que el alma separada conoce algunos entes singulares, pero no todos.

184-¿Qué tipo de entes singulares conoce el alma separada?
El alma separada conoce aquellos singulares que conoció previamente mientras estaba unida al cuerpo y algunos otros que conoce después de la separación.

185-¿Por qué es necesario que el alma separada recuerde las cosas que hizo en vida?
Es necesario para que el "gusano de la conciencia" no desaparezca en el alma separada, lo cual implica un recuerdo de las acciones pasadas.

186-¿Cómo explica Santo Tomás que el alma separada puede sufrir castigos corporales en el infierno?
El alma separada conoce algunos singulares tras la separación del cuerpo, lo cual permite que experimente castigos corporales en el infierno.

187-¿Conoce el alma separada todos los entes singulares en su conocimiento natural?
No, Santo Tomás explica que el alma separada no conoce todos los entes singulares en su conocimiento natural.

188-¿A qué se refiere Santo Tomás con la "dificultad común" sobre el conocimiento de los singulares?
La dificultad común radica en que el intelecto parece ser cognoscitivo solo de los universales y no de los singulares.

189-¿Cómo justifica Santo Tomás que Dios y los ángeles tienen conocimiento de los singulares?
Justifica que Dios y los ángeles conocen los singulares a través de su conocimiento de las causas universales y el orden universal.

190-¿Por qué algunos pensadores argumentaron que Dios y los ángeles no conocen los singulares?
Argumentaron esto porque el intelecto, en su función natural, parece orientado solo al conocimiento de los universales.

191-¿Cuál es el problema con el conocimiento de los singulares mediante el conocimiento de las causas universales?
El problema es que, por más que se conozcan causas universales, eso no basta para el verdadero conocimiento de los singulares, ya que estos no se derivan simplemente de la combinación de universales.

192-¿Cuál es el ejemplo que usa Santo Tomás para explicar la insuficiencia del conocimiento de universales para conocer singulares?
Usa el ejemplo de conocer el orden de los astros para predecir eclipses, afirmando que eso no permite conocer un eclipse en particular.

193-¿Qué solución propone Santo Tomás para que el alma separada y los ángeles puedan conocer los singulares?
Propone que las formas inteligibles derivadas de Dios son semejanzas de las cosas tanto en su forma como en su materia, lo cual permite el

conocimiento de los singulares.

194-¿Por qué no es posible que el alma separada conozca los singulares directamente de las cosas materiales?
Porque hay una gran distancia entre lo material y lo inteligible, y las formas de las cosas no pueden pasar directamente al intelecto de un ser inmaterial.

195-¿Cómo concibe Santo Tomás que las substancias separadas conocen los singulares?
Considera que conocen los singulares a través de formas inteligibles emanadas de la divina sabiduría, que son representaciones de las cosas en forma y materia.

196-¿En qué se diferencian los ángeles del alma separada en cuanto al conocimiento de los singulares?
Los ángeles poseen una capacidad de conocimiento proporcional a las formas universales en ellos, permitiéndoles conocer todos los singulares dentro de las especies. En cambio, el alma separada tiene una capacidad de conocimiento limitada y no conoce todos los singulares de forma completa.

197-¿Qué elementos específicos puede conocer el alma separada según Santo Tomás?
Puede conocer aquellos singulares a los que tiene una inclinación particular, como los que le afectan o dejan impresiones y vestigios en ella.

198-¿Por qué el conocimiento del alma separada está limitado a ciertos singulares?
Porque el conocimiento está determinado por la naturaleza receptiva del alma, que tiene un modo de recibir las formas en base a su inclinación o experiencia.

199-¿Qué conclusión ofrece Santo Tomás sobre la capacidad del alma separada para conocer los singulares?
Concluye que el alma separada puede conocer algunos singulares, pero

no todos, y su conocimiento depende de su relación particular o impresión con dichos singulares.

200-¿De qué trata la Cuestión 21?
La Cuestión 21 se pregunta si el alma separada puede sufrir pena por el fuego corpóreo.

201-¿Cuál es la opinión de algunos sobre la pena del alma por el fuego?
Algunos sostienen que el alma no padece pena de un fuego corpóreo, sino que su aflicción espiritual se representa metafóricamente como fuego en las Escrituras. Esta fue la opinión de Orígenes.

202-¿Por qué esta explicación no es suficiente según Santo Tomás?
No es suficiente porque, según San Agustín, debe entenderse que el fuego es corpóreo, ya que también se dice que ese fuego afecta a los cuerpos de los condenados, así como a los demonios y las almas.

203-¿Cuál es la segunda opinión sobre la pena del alma por el fuego corpóreo?
La segunda opinión afirma que el fuego es corpóreo, pero el alma no sufre directamente de él, sino por su similitud en una visión imaginaria, como en sueños donde uno sufre al ver algo aterrador, aunque no sea real.

204-¿Por qué Santo Tomás rechaza esta segunda opinión?
Santo Tomás la rechaza porque las facultades sensibles, incluida la imaginación, no permanecen en el alma separada.

205-Entonces, ¿cómo sufre el alma separada la pena del fuego?
Santo Tomás concluye que el alma separada sufre por el mismo fuego corpóreo, aunque es difícil precisar cómo se da este sufrimiento.

206-¿Qué dice San Gregorio sobre cómo el alma experimenta el fuego?
San Gregorio menciona que el alma padece el fuego por el hecho de

verlo, aunque Santo Tomás cuestiona esta explicación, ya que ver normalmente es algo placentero, no aflictivo.

207-¿Cuál es otra explicación sobre el sufrimiento del alma por el fuego?
Otra explicación es que el alma, al ver el fuego y percibirlo como dañino, se aflige. San Gregorio menciona que el alma sufre porque se ve a sí misma ardiendo.

208-¿Es el fuego verdaderamente dañino para el alma?
Santo Tomás sostiene que, si el fuego no fuera realmente dañino, el alma estaría equivocada al percibirlo así, lo cual no parece razonable, especialmente en el caso de los demonios, que tienen gran agudeza intelectual.

209-¿Qué conclusión saca Santo Tomás sobre la naturaleza del fuego?
Concluye que el fuego corpóreo es realmente dañino para el alma, ya que este fuego, por el poder divino, actúa como instrumento de la justicia divina.

210-¿Cómo puede un fuego corpóreo afectar a una sustancia incorpórea como el alma?
Santo Tomás explica que el alma no sufre alteración o destrucción directa del fuego, sino que sufre porque el fuego impide su inclinación natural de no estar sujeta a un lugar determinado.

211-¿Qué tipo de sufrimiento experimenta el alma debido a esta limitación?
El alma experimenta una tristeza interior, pues percibe el fuego como contrario a su naturaleza, lo cual la aflige.

212-¿Cuál es la máxima aflicción de las almas condenadas, según Santo Tomás?
La máxima aflicción es su separación de Dios.

NOTAS

[1] Cfr. DE AQUINO, TOMÁS. *Cuestiones disputadas sobre el alma.* Traducción y notas de Ezequiel Téllez Estudio preliminar y revisión de Juan Cruz Cruz. Ediciones Universidad de Navarra, S.A. (EUNSA). Edición digital de @elteologo Agosto de 2014. Páginas LV-LXXII.

[2] El intelecto agente, según la explicación tomista, no elabora conceptos e ideas en sí mismo; su papel es más bien hacer que las ideas potenciales en nuestra mente se vuelvan inteligibles en acto, es decir, que se puedan entender realmente. Esto lo hace abstraer formas o especies inteligibles a partir de las imágenes o fantasmas *(phantasmata)*, que son las representaciones sensibles de las cosas que percibimos.

Para entender cuándo el intelecto agente realiza esta función, es útil pensar en el proceso en dos partes:

1. Recepción de los fantasmas (imágenes sensibles): Cuando percibimos algo a través de los sentidos, nuestro intelecto posible no puede comprender directamente esas imágenes o fantasmas, porque están unidas a sus características individuales y materiales. Por ejemplo, al ver una flor, la imagen mental que generamos está llena de detalles individuales (su color, tamaño específico, etc.).

2. Abstracción del concepto o idea universal: Aquí entra el intelecto agente. Su función es "iluminar" o abstraer la forma universal (por ejemplo, "floridad" en general) a partir del caso particular. Al hacerlo, elimina los aspectos materiales y contingentes de la imagen sensible, dejando solo la esencia universal de "flor". Esta esencia abstracta es entonces captada por el intelecto posible, que la comprende como un concepto o idea.

El intelecto posible es el que formula y tiene el concepto universal de "flor".

El intelecto agente no formula el concepto como tal, sino que realiza el trabajo de abstracción al eliminar las particularidades de las imágenes sensoriales (como los aspectos específicos de una flor particular) y extraer la forma común, es decir, lo que es esencial y universal en todas las flores. Este proceso de abstracción es lo que hace posible que el intelecto posible pueda luego captar y formular el concepto de "flor" como algo universal.

Por tanto, el intelecto agente prepara el terreno para que el intelecto posible pueda formular el concepto universal de "flor". Ambos son necesarios para el proceso, pero el intelecto posible es el que, al final, elabora y formula el concepto abstracto, como en este caso el de "flor".

[3] A simple vista, parece extraño comparar cosas tan distintas como cuerpos y almas. Sin embargo, en el contexto filosófico y teológico en el que este

argumento se presenta, la conexión entre ambos se entiende a través del concepto de *perfección* en cuanto a su finalidad y su orden en el universo.

Para explicar esto mejor: en la filosofía escolástica, especialmente en el pensamiento de Santo Tomás de Aquino, cada ente tiene una perfección o plenitud que lo realiza en su propio modo de ser. Se considera que algunos entes tienen una perfección mayor cuando cumplen una función que es más noble en el orden del universo. Entonces, aunque los cuerpos (como los cuerpos celestes) y las almas (como el alma racional humana) son distintos en su naturaleza, se pueden comparar en términos de cuán noble es la perfección que alcanzan.

Aquí, los cuerpos celestes se ven como particularmente nobles y perfectos porque, en la visión medieval, no se descomponen, no sufren corrupción y se mueven eternamente en órbitas regulares, lo cual los hace más "perfectos" o "acabados" en su orden físico que los cuerpos terrestres. Sin embargo, el alma racional humana es considerada superior en otro sentido: su perfección reside en su capacidad para el conocimiento y el amor intelectual, en su capacidad de conocer verdades eternas, lo que se entiende como una forma de "perfección" aún mayor.

La conexión entre ambos, entonces, está en la idea de "perfección" según su finalidad y función en el universo. Así, la comparación busca entender si el cuerpo humano, perfeccionado por un alma racional, tiene un tipo de perfección distinta o incluso mayor que la de un cuerpo celestial perfeccionado por una sustancia espiritual que lo mueve. En esta lógica, el alma humana, aunque unida a un cuerpo corruptible, realiza una función superior por su capacidad intelectual, que se considera el fin más alto en el orden creado.

Por eso, el argumento no compara el *qué son* el cuerpo y el alma, sino el tipo y grado de perfección que cada uno alcanza según el rol que cumple en el orden del universo.

[4] En este contexto, *contrariedad* se refiere a la presencia de cualidades opuestas o en conflicto dentro del cuerpo humano, lo cual lo hace susceptible al cambio, al desgaste y, en última instancia, a la destrucción. En la filosofía aristotélico-tomista, los cuerpos sublunares (es decir, los que existen en el mundo terrestre) están sujetos a cualidades contrarias, como calor y frío, o humedad y sequedad. Estas cualidades opuestas interactúan y, al hacerlo, causan el desgaste y la corrupción de los cuerpos físicos.

[5] Obra atribuida falsamente a San Agustín pero, en realidad, perteneciente a Alquerio de Claraval, monje cisterciense.

[6] El texto sugiere que no todas las partes del cuerpo son orgánicas porque el

alma, en la concepción aristotélica, actúa como el principio vital que anima y da forma a un cuerpo que está estructurado para la vida. Las partes del cuerpo que se consideran "orgánicas" son aquellas que tienen una función vital y están interrelacionadas de manera que contribuyen al funcionamiento del organismo como un todo. Por ejemplo, órganos como el corazón, los pulmones o el hígado tienen roles específicos que permiten la vida del ser humano.

Sin embargo, hay partes del cuerpo, como los cabellos, las uñas o incluso algunas estructuras óseas, que no están directamente relacionadas con la vida o la función orgánica en el mismo sentido. Estas partes no son "orgánicas" en el sentido de que no contribuyen de manera activa a las funciones vitales del organismo. Por lo tanto, el alma, como principio de vida y forma sustancial, no puede estar presente en estas partes de la misma manera que lo está en los órganos que efectivamente sostienen y permiten la vida.

Así, la idea es que el alma está presente en las partes del cuerpo que tienen una función vital y son capaces de participar en el proceso de la vida, mientras que en las partes no orgánicas, la relación con el alma es diferente, ya que no poseen esa capacidad de animación y vitalidad que define a lo orgánico.

[7]**La división cuantitativa** se refiere a la forma en que concebimos un todo en términos de sus dimensiones físicas o cantidades. Esta perspectiva considera el cuerpo como un ente que puede ser dividido en partes según su tamaño, volumen o extensión. En este sentido, una cosa puede ser considerada "total" en relación a su tamaño, donde la totalidad se entiende como la suma de sus partes. Por ejemplo, un objeto como una mesa es un todo en virtud de su tamaño y las partes que lo componen (el tablero, las patas, etc.). Sin embargo, esta concepción de totalidad es más superficial, ya que no aborda la esencia del objeto en sí, sino solo su disposición física. En el caso del alma, esta división no se aplica de la misma manera, ya que el alma no puede ser medida ni dividida cuantitativamente; su naturaleza trasciende las dimensiones físicas.

La división esencial se centra en la relación intrínseca entre la forma y la materia que constituyen un compuesto. En este contexto, un ser es considerado un todo en virtud de su esencia, donde la forma es lo que le da identidad y especificidad a un ente, y la materia es el sustrato en el que esta forma se actualiza. Por ejemplo, en el caso de un ser humano, el alma es la forma que da vida y especificidad al cuerpo, constituyendo así un único ente. Esta perspectiva subraya que para que un compuesto sea un todo, debe haber una integración significativa de sus partes en relación a su esencia. Esto significa que las partes no solo existen juntas, sino que están constitutivamente unidas por la forma que les otorga unidad y significado. En este sentido, el alma está presente en cada parte del cuerpo como su forma, lo que hace que cada parte participe de la identidad del todo.

La división por potencia o virtud se refiere a cómo una forma puede actuar o realizarse a través de sus partes. Esta concepción de totalidad se centra en las capacidades y operaciones que una entidad puede ejercer, teniendo en cuenta que diferentes partes pueden tener diferentes roles y funciones en relación a la actividad del todo. Por ejemplo, en un organismo, el corazón y los pulmones tienen funciones específicas que contribuyen a la salud y el funcionamiento general del cuerpo. Así, el alma, aunque esté presente en cada parte del cuerpo, no ejerce su potencia de manera uniforme en todas ellas. Algunas partes son responsables de funciones que requieren una manifestación de la virtud del alma más intensa, como el entendimiento o la voluntad, mientras que otras partes realizan funciones más básicas y mecánicas. Esta dimensión resalta que la totalidad no se puede comprender únicamente desde la perspectiva de la forma o la materia, sino que también debe considerar las diversas capacidades y roles de las partes en el funcionamiento del ente completo.

En conjunto, estos tres modos ofrecen una comprensión rica y multifacética de la totalidad, ayudando a desentrañar la compleja relación entre el alma y el cuerpo, así como la naturaleza de los seres en general. Al considerar estos modos, se logra una visión más completa que no solo se limita a la estructura física, sino que también toma en cuenta la esencia y las capacidades operativas de los entes.

[8]La frase "cada género tiene una única contrariedad principal" se refiere a que dentro de cada género o categoría de cualidades, hay un par de opuestos fundamentales que representan esa categoría. En filosofía, un "género" es una categoría amplia que incluye diferentes especies o tipos, y una "contrariedad" es una oposición fundamental entre dos términos.

En este contexto, el texto sugiere que, si las potencias sensoriales (como el sentido del tacto o la vista) se diversifican según diferentes géneros de cualidades (por ejemplo, colores en la vista o temperaturas en el tacto), entonces cada género tendría una contrariedad principal. Esto implicaría que cada sentido debería tener diferentes potencias para percibir estas contrariedades. Sin embargo, el texto señala que esto no ocurre en todos los sentidos; por ejemplo, en el tacto no hay divisiones tan claras entre opuestos como "calor" y "frío", "blando" y "duro", todos los cuales son percibidos sin necesidad de potencias distintas.

[9]En este contexto, "contrariedades" se refiere a la presencia de elementos

opuestos o conflictivos que, en otros entes, pueden llevar a la corrupción o disolución. A continuación, algunos ejemplos de lo que podrían interpretarse como "contrariedades" en el alma:

1-<u>Voluntad vs. Apetitos</u>: Los apetitos o deseos pueden, a veces, parecer opuestos a la voluntad racional, ya que una persona puede desear algo que su razón le dicta que no es bueno. Aunque esto parece ser una contrariedad interna, en el argumento se sugiere que estos deseos y decisiones no implican un conflicto que corrompa la esencia del alma.

2-<u>Conocimiento intelectual vs. Conocimiento sensible</u>: La percepción sensible y el conocimiento intelectual pueden llevar a juicios distintos. Por ejemplo, el intelecto podría reconocer un objeto como perjudicial, mientras que los sentidos lo encuentran placentero. Sin embargo, esta diferencia en juicios no corrompe el alma, sino que permanece sin causar división en su ser esencial.

3-<u>Amor vs. Odio</u>: En las emociones, alguien puede experimentar amor hacia un aspecto de una situación y odio hacia otro. Esta dualidad podría parecer una contrariedad, pero el alma humana puede contener ambas disposiciones sin que ello implique corrupción o una división en su esencia.

4-<u>Razón vs. Emociones impulsivas</u>: La razón muchas veces busca controlar o moderar las emociones impulsivas, como la ira o la tristeza. Aunque esta relación puede parecer una contrariedad, no se manifiesta como una división destructiva en el alma que lleve a su corrupción.

El argumento sostiene que estas aparentes contrariedades no comprometen la unidad esencial del alma. A diferencia de las realidades materiales, que pueden descomponerse debido a conflictos entre elementos opuestos, el alma mantiene una naturaleza unificada y, por lo tanto, incorruptible.

[10]San Agustín se retractó en su obra *Retractationes* sobre varias afirmaciones y conceptos que había expresado anteriormente en sus escritos, especialmente en lo que respecta a la naturaleza del Infierno. Uno de los puntos clave que se mencionan es la noción de que el Infierno es un lugar físico, en el sentido de un espacio geográfico bajo la tierra. En particular, en su comentario sobre el Génesis *(De Genesi ad litteram)*, Agustín reconoce que su comprensión de la ubicación del Infierno como un lugar concreto podría no ser del todo precisa y que es más adecuado considerarlo en términos de un estado o condición de separación de Dios.

Además, Agustín también menciona que la representación del Infierno en términos de sufrimientos físicos y la existencia de un lugar de tormento debe entenderse de manera más simbólica que literal. En este sentido, su retractación sugiere que el Infierno no debe ser visto únicamente como un espacio geográfico específico, sino como una realidad espiritual que implica la ausencia de la gracia divina y el sufrimiento resultante de esa separación.

Esta reconsideración influye en la interpretación teológica de la naturaleza del Infierno y en cómo se deben abordar los argumentos sobre él, como señala Santo Tomás en su respuesta a los argumentos que parecen afirmar que las potencias sensitivas permanecen en el alma separada.

[11]Las "intenciones individuales" y las "intenciones universales" son términos importantes en la teoría del conocimiento.

1-Intenciones individuales: Son las formas o representaciones mentales específicas que el alma adquiere a través de los sentidos cuando interactúa con objetos particulares y singulares en el mundo. Estas intenciones son individuales porque están relacionadas con experiencias sensoriales directas y particulares, como una persona específica, un objeto particular o un evento único. Estas intenciones residen en las facultades sensibles del alma (memoria, imaginación) y dependen de la presencia del cuerpo y de sus órganos sensoriales. Cuando el alma está separada del cuerpo, pierde la capacidad de sostener estas intenciones individuales, ya que no tiene acceso directo a las facultades sensibles.

2-Intenciones universales: Estas son representaciones mentales de la naturaleza común o esencial de los objetos, abstraídas de sus características particulares. Cuando el intelecto conoce algo, abstrae una "especie" universal, una idea que no se refiere a un individuo en particular, sino a la naturaleza general de una cosa (por ejemplo, la "humanidad" en lugar de una persona concreta). Las intenciones universales residen en el entendimiento y, a diferencia de las intenciones individuales, pueden subsistir en el alma separada del cuerpo. Sin embargo, estas intenciones no permiten conocer lo singular, ya que son abstractas y generales.

En el texto, se explica que el alma separada no puede conocer lo singular a través de las formas que adquirió en el cuerpo ni a través de las formas que podrían ser infundidas divinamente, ya que estas formas o especies universales se relacionan con los objetos en general y no con casos particulares. Esto plantea la limitación del conocimiento singular para el alma en su estado separado del cuerpo.

[12]La quintaesencia, en la antigua filosofía y cosmología, representaba un elemento especial del cual estaban formados los cuerpos celestes, considerados incorruptibles. A menudo, este elemento se conocía como éter, una sustancia ligera que llenaba el espacio y a través de la cual se creía que se transmitían la luz y otras fuerzas cósmicas. En contraste con los cuatro elementos tradicionales—fuego, aire, tierra y agua—que

constituían los cuerpos terrestres y eran vistos como corruptibles, la quintaesencia pertenecía exclusivamente al mundo supralunar. Este último era concebido como un reino de perfección y eternidad, en oposición al mundo sublunar, donde la corrupción y el cambio eran inevitables. Así, la quintaesencia se erige como un elemento etéreo y divino, reflejando una jerarquía en la naturaleza donde ocupa una posición superior, asociándose a lo eterno y lo trascendental.